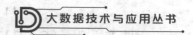大数据技术与应用丛书

数据可视化

基础与应用

刘　佳　许桂秋　李静雯◎主　编
赵　静　张宝雷　郝　伟◎副主编

U0277331

人民邮电出版社
北京

图书在版编目（CIP）数据

数据可视化基础与应用 / 刘佳，许桂秋，李静雯主编. -- 北京 ：人民邮电出版社，2024.2
（大数据技术与应用丛书）
ISBN 978-7-115-63441-2

Ⅰ．①数… Ⅱ．①刘… ②许… ③李… Ⅲ．①可视化软件－数据处理 Ⅳ．①TP31

中国国家版本馆CIP数据核字(2024)第001496号

内 容 提 要

本书共 9 章，由浅入深地介绍各类数据可视化技术及相关可视化工具的使用方法，力求培养读者对数据可视化的认知以及动手能力。第 1 章和第 2 章是基础应用，介绍数据可视化的定义、作用和发展历史，以及如何使用 Excel 进行数据可视化；第 3 章~第 5 章介绍数据可视化工具 Tableau 的基本使用方法；第 6 章~第 9 章详细介绍如何利用代码实现数据可视化，包括前端数据可视化、使用 JavaScript 实现数据可视化、大屏数据可视化、Python 编程语言可视化。全书理论结合实践，既有一定的技术深度，也有行业应用的广度。

本书可作为应用型本科和高职院校的数据可视化教材，也适合对数据可视化技术感兴趣的读者阅读。

◆ 主　编　刘　佳　许桂秋　李静雯
副主编　赵　静　张宝雷　郝　伟
责任编辑　张晓芬
责任印制　马振武

◆ 人民邮电出版社出版发行　　北京市丰台区成寿寺路 11 号
邮编　100164　电子邮件　315@ptpress.com.cn
网址　https://www.ptpress.com.cn
山东华立印务有限公司印刷

◆ 开本：787×1092　1/16
印张：15　　　　　　　　　　2024 年 2 月第 1 版
字数：346 千字　　　　　　　2024 年 2 月山东第 1 次印刷

定价：69.80 元

读者服务热线：(010)81055493　印装质量热线：(010)81055316
反盗版热线：(010)81055315

前言

大数据正悄然改变我们的生活，开创一个新时代。随着计算机技术与互联网技术的快速发展，使用互联网思维解决问题的方式让人们的生活变得越来越便利，由此也积累了种类繁多、体量巨大的数据。这些数据存在于我们生活的每个角落，人们希望从这些数据中挖掘出巨大的价值。数据可视化技术是大数据分析挖掘的最直观表达，是探索和理解大数据最有效的途径之一。将数据转化为视觉图像，能帮助我们更加容易发现和理解其中隐藏的模式或规律。

本书是数据可视化技术的入门教材，采用理论与实践相结合的方式，由浅入深地介绍了数据可视化技术的基本概念和基础知识，并结合实践案例，带着读者运用所学知识解决现实中的问题。

全书分为 3 个部分，共 9 章。

第一部分是基础应用，包括第 1 章和第 2 章。第 1 章阐述数据可视化的定义、作用和发展历史，并介绍数据可视化面临的挑战和未来的发展方向；第 2 章详细介绍如何使用 Excel 进行数据可视化。

第二部分是数据可视化工具 Tableau 的基本使用方法，包括第 3 章～第 5 章。这3 章详细介绍 Tableau 工具的使用方法以及如何利用 Tableau 进行数据可视化设计，并利用综合案例帮助读者加深对 Tableau 应用的理解。

第三部分是实际应用，包括第 6 章～第 9 章，这 4 章详细介绍如何利用代码实现数据可视化（前端数据可视化、使用 JavaScript 实现数据可视化、大屏数据可视化、Python 编程语言可视化），并且通过对实际案例的介绍，提升读者可视化编程的水平。

由于编者水平有限，书中难免存在一些疏漏和不足之处，恳请广大读者批评指正。

特别提示：本书采用黑白印刷，彩图请参考本书提供的相关资料。

编者

2024 年 1 月

目录

第1章 认识数据可视化

📖 导读案例 📖 南丁格尔玫瑰图

南丁格尔玫瑰图又名鸡冠花图或极坐标区域图，是一种圆形的直方图，由弗罗伦斯·南丁格尔发明。

南丁格尔玫瑰图将柱形图转化为更美观的饼图形式，是极坐标化的柱图。不同于饼图使用角度表示数值或占比，南丁格尔玫瑰图使用扇形的半径表示数据的大小，各扇形的角度则保持一致。南丁格尔玫瑰图如图 1-1 所示。

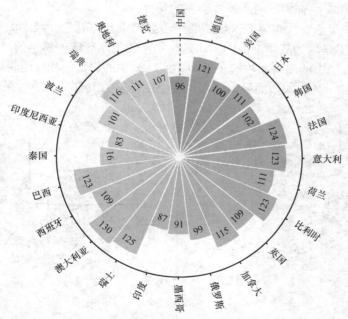

图 1-1　南丁格尔玫瑰图

注：图中数字的单位为人。

南丁格尔玫瑰图的发明者——弗罗伦斯·南丁格尔是一名女护士。19 世纪 50 年代，英国、法国、土耳其和俄罗斯爆发了克里米亚战争。南丁格尔主动申请担任战地护士。当时的医院卫生条件极差，伤兵死亡率高达 42%，直到 1855 年卫生委员会的相关负责人来到医院改善整体的卫生环境后，伤兵的死亡率才降至 2.5%。南丁格尔注意到这件事，认为政府应该改善战地医院的卫生环境，这样才能拯救更多的生命。南丁格尔女士肖像如图 1-2 所示。

图 1-2　南丁格尔女士肖像

　　出于人们对资料统计不重视的忧虑，她设计出一种色彩缤纷的图表，让数据能够更让人印象深刻。图 1-3 是著名的南丁格尔玫瑰图，图中蓝色（浅灰色）区域表示死于感染的士兵数量，红色（白色）区域表示死于战场重伤的士兵数量，深色区域表示死于其他原因的士兵数量。图 1-3 中有如下两个非常明显的特征。

　　① 两幅图中蓝色（浅灰色）区域的面积明显大于其他颜色区域的面积。这意味着大部分的士兵伤亡不是因为战争造成的，而是在恶劣的卫生环境下感染的。

　　② 图 1-3（a）中的扇形面积远小于图 1-3（b）中的扇形面积。这说明卫生委员到达后（1855 年 3 月），死亡人数明显下降，证明卫生环境的改善带来的效果。

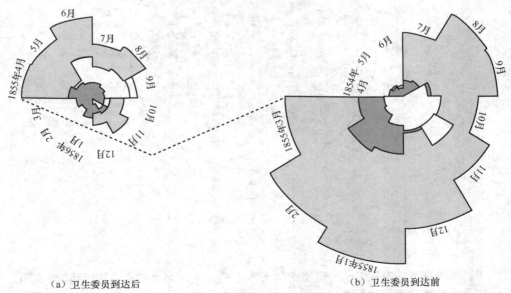

（a）卫生委员到达后　　　　　　　　　　　　　　　　　　　（b）卫生委员到达前

图 1-3　南丁格尔玫瑰图示例

注：本书采用黑白印刷，彩图请参考本书提供的相关资料。

图1-3的英文版图片出现在南丁格尔游说英国政府加强公众医疗卫生建设和相关投入的文件里。这让政府官员了解到改善医院的卫生环境可以显著地降低英军的死亡率，因此她的医疗改良提案得以通过。该提案挽救了众多生命。

南丁格尔玫瑰图适合比较大小相近的数值，因为图表会将数据的比例夸大，又因圆形具有周期的特性，因此也适合用来表示周期内的时间概念。南丁格尔玫瑰图的优势与缺点如下。

优势：较为直观地对比各系列的数值差异。

缺点：因为半径和面积是平方关系，因而会将数据的比例夸大，不适用于差异过大的数据。

知识准备 什么是数据可视化

1.1 数据是什么

信息科学领域面临着一个巨大挑战——数据爆炸。IDC Global DataSphere 指出，2021年全球数据总量达 84.5 ZB，预计到 2026 年，全球结构化与非结构化数据总量将达 221.2 ZB。然而，人类分析数据的能力已经远远落后于获取数据的能力，这个挑战不仅体现在数据量越来越大、维度越来越高，而且体现在数据获取的动态性、数据内容的噪声和互相矛盾，以及数据关系的异构与异质性等。

在信息管理、信息系统和知识管理学科中，"数据、信息、知识、智慧（Data、Information、Knowledge、Wisdom，DIKW）"层次模型是最基本的模型，具体如图1-4所示。DIKW 模型以数据为基层架构，按照信息流顺序依次完成数据到智慧的转换。四者之间的结构和功能方面的关系构成了信息科学的基础理论。在数据科学中，这种模型也作为一种数据处理流程，完成原始数据的转化。

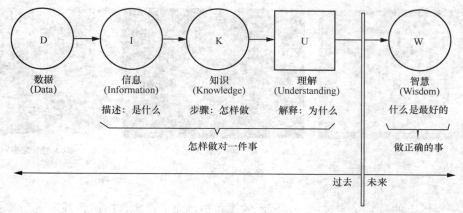

图 1-4 DIKW 模型

从信号获取的角度看，数据是对目标观察和记录的结果，是关于现实世界中的时间、地点、事件、其他对象或概念的描述。在表达为有用的形式之前，数据本身没有用途。关于数据，不同的学者给出了不同的定义，主要分为以下几类。

数据即事实：数据是未经组织和处理的、离散的、客观的观察结果。由于缺乏上下文的联系和解释，因此数据本身并没有含义和价值。如果将事实定义为真实的、正确的观察，那么不是所有的数据都是事实，错误的、无意义的和非感知的数据不属于事实。

数据即信号：从获取的角度理解，数据是基于感知的信号刺激或信号输入，包括视觉、听觉、嗅觉、味觉和触觉。每种感官对应某个信号通道，因此数据也被定义为某个器官能接收到的一种或多种能量波或能量粒子（光、热、声、力和电磁等）。

数据即符号：无论数据是否有意义，都可以被定义为表达感官刺激或感知的符号集合，即某个对象、事件或所处环境的属性。代表性符号如单词、数字、图表和图像视频等，这些都是人类社会用于沟通的基本手段。因此，数据就是记录或保存的事件或情境的符号。

1.2 数据可视化的作用和意义

1. 数据可视化的作用

数据可视化的作用包括记录信息、分析推理、信息传播与协同。

（1）记录信息

自古以来，记录信息的有效方式之一是用图形的方式描述各种具体或抽象的事物。图1-5（a）所示内容是我国的结绳记事，这种方式用不同粗细的绳子打成不同距离的结，其中的结有大有小，每种结法、距离大小以及绳子粗细表示不同的含义。图1-5（b）所示内容是甲骨文记事，甲骨文因镌刻、书写于龟甲与兽骨上而得名。经过加工和刮磨的龟甲和兽骨由专门负责的卜官保管，卜官在它们的边缘部位刻写上记述这些甲骨的来源和保管情况的记事文字。图1-5（c）所示内容是竹简记事，古人将文字刻在竹子做的木片上用来记录发生的事情。

（a）结绳记事　　　　　　　（b）甲骨文　　　　　　　（c）竹简记事

图1-5　我国古代的记事方式

田径赛场上的裁判员通过图1-6所示的图可以清晰、准确、迅速地判定运动员的名次和成绩。

图 1-6　田径赛运动员的冲刺

（2）分析推理

数据可视化极大地降低了数据理解的复杂度，有效地提升了信息认知的效率。这有助于人们更快地分析和推理出有效信息。1854 年，英国伦敦爆发了一场霍乱，John Snow 医生绘制了一张街区地图，如图 1-7 所示，这就是著名的"伦敦鬼图"。该图分析了霍乱患者的分布与水井分布之间的关系，John Snow 发现在一口井的供水范围内患者明显偏多，据此找到了霍乱爆发的根源——一个被污染的水泵。

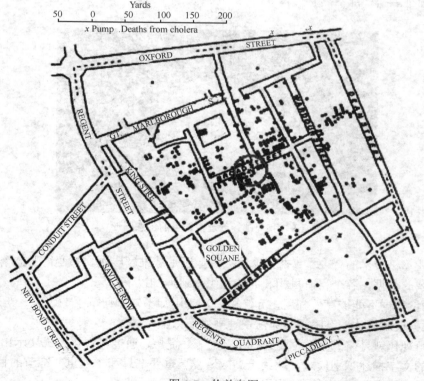

图 1-7　伦敦鬼图

（3）信息传播与协同

俗话说"百闻不如一见""一图胜千言"。图 1-8 展示了中国智能手机的出货量数据，我们从中可以直观地感受到 2020—2021 年手机出货量的变化情况。

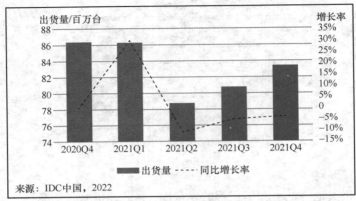

图 1-8　2020Q4—2021Q4 中国智能手机出货量及增长率

图 1-9 所示为雅虎邮箱处理数据量的示意图形。雅虎邮箱每小时处理的电子邮件总量为 1.2 TB，这些邮件若打印出来，大约需要 644245094 张 A4 纸。这是一个很大的数据，但到底有多大？若 644245094 张纸被首尾对接，则可以绕地球 4 圈多。由此，我们就能深刻地感受到雅虎邮箱处理的数据量之大。

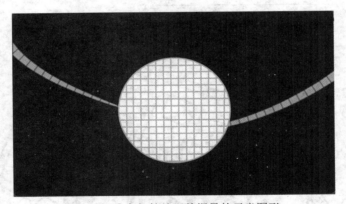

图 1-9　雅虎邮箱处理数据量的示意图形

随着计算机技术的普及，数据无论从数量上还是从维度层次上都变得日益繁杂。面对海量而复杂的数据，各个科研机构和商业组织普遍遇到以下问题。

① 大量数据不能被有效利用，弃之可惜，想用却不知如何下手。

② 数据展示模式繁杂晦涩，无法快速甄别有效信息。

数据可视化就是将海量数据经过抽取、加工、提炼，通过可视化方式展示出来，从而改变传统的文字描述识别模式，达到更高效地掌握重要信息和了解重要细节的目的。

数据可视化在数据分析中的作用主要体现在以下几个方面。

① 动作更快。使用图表来总结复杂的数据，可以确保对关系的理解要比那些混乱的报告或电子表格更快。可视化提供了一种非常清晰的交互方式，从而能够更快地理解和处理这些信息。

② 以建设性方式提供结果。数据可视化工具能够用一些简短的图形描述复杂的信息。通过可交互的图表界面，各种不同类型的数据可被轻松理解。例如，许多企业通过收集消费者行为数据，再使用数据可视化来监控关键指标，从而更容易发现各种市场变化和趋势。例如，一家服装企业发现，在西南地区，深色西装和领带的销量正在上升，这促使该企业在全国范围内推销这两类产品。通过这种策略，这家企业远远领先于那些尚未注意到这一潮流的竞争对手。

③ 理解数据之间的联系。在市场竞争环境中，找到业务和市场之间的相关性是至关重要的。例如，一家软件公司的销售总监在条形图中看到，他们的旗舰产品在西南地区的销售额下降了 8%，销售总监可以深入了解问题出现在哪里，并着手制订改进计划。通过这种方式，数据可视化可以让管理人员立即发现问题并采取行动。

2．数据可视化的意义

在 DIKW 模型所定义的数据转化为智慧的流程中，可视化借助人眼快速的视觉感知和人脑的智能认知能力，可以清晰有效地传达、沟通并辅助数据分析的作用。现代的数据可视化技术综合运用计算机图形学、图像处理、人机交互等技术，将采集或模拟的数据变换为可识别的图形符号、图像、视频或动画，并以此呈现对用户有价值的信息。用户通过对可视化的感知，使用可视化交互工具进行数据分析，获取知识，并进一步提升为智慧。

对数据可视化的适用范围存在不同的观点。例如，有专家认为数据可视化是可视化的子类，主要处理统计图形、抽象的地理信息或概念型的空间数据。现在的主流观点将数据可视化看成传统的科学可视化和信息可视化的泛称，即处理对象可以是任意数据类型、任意数据特性，以及异构异质数据的组合。大数据时代的数据复杂性更高，如数据的流模式获取、非结构化、语义的多重性等。

数据可视化的作用在于视物致知，即从看见物体到获取知识。对于复杂、大尺度的数据，已有的统计分析或数据挖掘方法往往是对数据的简化和抽象，隐藏了数据集真实的结构，而数据可视化则可还原乃至增强数据中的全局结构和具体细节。当然，数据可视化经常会陷入两个误区：一是为了实现其获取知识的功能而令人感到枯燥乏味；二是为了画面美观而采用复杂的图形。如果将数据可视化看成艺术创作过程，则数据可视化需要达到真、善、美的均衡，达到有效地挖掘、传播与沟通数据中蕴涵的信息、知识与思想，实现设计与功能之间的平衡。从这个意义上说，数据可视化体现出宽物善知的作用。

1.3 数据可视化的应用

数据可视化处理的对象是数据。数据可视化包含处理科学数据的科学可视化与处理抽象的、非结构化信息的信息可视化两个分支。广义上讲，面向科学和工程领域的科学可视化研究带有空间坐标和几何信息的三维空间测量数据、计算模拟数据和医学影像数据等，重点探索如何有效地呈现数据中几何、拓扑和形状特征。信息可视化的处理对象则是非结构化、非几何的抽象数据，如金融交易、社交网络和文本数据，其核心挑战是如何针对大尺度高维数据减少视觉混淆对有用信息的干扰。另外，由于数据分析十分重要，因此将可视化与分析相结合，形成一个新的学科——可视分析学。科学可视化、信息可视化和可视分析学 3 个学科方向通常被看成可视化的 3 个主要分支。

（1）科学可视化

科学可视化是可视化领域最早、最成熟的一个跨学科研究与应用领域，面向的领域主要是自然科学，如物理、化学、气象气候、航空航天、医学、生物学等学科。这些学科通常需要对数据和模型进行解释、操作与处理，旨在寻找其中的模式、特点、关系以及异常情况。科学可视化的基础理论与方法已经相对成形。早期的关注点主要在三维真实世界的物理和化学现象，因此数据通常表达在三维或二维空间中，或包含时间维度，鉴于数据的类别可分为标量（密度、温度）、向量（风向、力场）、张量（压力、弥散）3 类，科学可视化也可粗略地分为 3 类：标量场可视化、向量场可视化、张量场可视化。

以上分类不能概括科学可视化的全部内容。随着数据复杂性的提高，一些带有语义的信号、文本、影像等也是科学可视化的处理对象，且其呈现空间变化多样。

（2）信息可视化

信息可视化处理的对象是抽象的、非结构化数据集合（如文本、图表、层次结构、地图、软件、复杂系统等）。传统的信息可视化起源于统计图形学，又与信息图形、视觉设计等现代技术相关。其表现形式通常在二维空间，因此关键问题是在有限的展现空间中以可视化的方式传达大量的抽象信息。与科学可视化相比，信息可视化更关注抽象、高维数据，此类数据通常不具有空间中位置的属性，因此要根据特定数据分析的需求，决定数据元素在空间的布局。因为信息可视化的方法与所针对的数据类型紧密相关，所以按数据类型可分为数控数据可视化、层次与网络结构可视化、文本和跨媒体数据可视化、多变量数据可视化。

在数据爆炸时代，信息可视化面临巨大的挑战，需要在海量、动态变化的信息空间中辅助理解、挖掘信息，从中检测预期的特征，并发现未预期的知识。

（3）可视分析学

可视分析学是一个以可视交互界面为基础的分析推理科学。它综合了图形学、数据挖掘和人机交互等技术，以可视交互界面为通道，将人的感知和认知能力以可视的方式融入数据处理过程，形成人脑智能和机器智能优势互补和相互提升，建立螺旋式信息交流与知识提炼途径，完成有效的分析推理和决策。

可视分析学可看成将可视化、人的因素和数据分析集成在一起的一种新思路。其中，感知与认知科学研究人在可视分析学中的重要作用；数据管理和知识表达是可视分析构建数据到知识转换的基础理论；地理分析、信息分析、科学分析、统计分析、知识发现等是可视分析学的核心分析论方法；在整个可视分析过程中，人机交互必不可少，用于驾驭模型构建、分析推理和信息呈现等整个过程；可视分析流程中推导出的结论与知识最终需要向用户表达、作业和传播。

可视分析学是一门综合性学科，与多个领域相关，在可视化方面，有信息可视化、科学可视化与计算机图形学；与数据分析相关的领域包括信息获取、数据处理和数据挖掘；在交互方面，则有人机交互、认知科学和感知等学科融合。

1.4 数据可视化的流程和设计框架

1. 数据可视化的流程

数据可视化的流程以数据流向为主线，其核心流程主要包括数据采集、数据处理和变换、可视化映射和用户感知 4 个步骤。整个可视化过程可以看成是数据流经过一系列处理步骤后得到转换的过程。用户可以通过可视化的交互功能进行互动，通过用户的反馈提高可视化的效果。

（1）数据采集

可视化的对象是数据，而采集的数据涉及数据格式、维度、分辨率和精确度等重要特性，这些都决定了可视化的效果。因此，在可视化设计过程中，一定要事先了解数据的来源、采集方法和数据属性，这样才能准确地反映要解决的问题。

（2）数据处理和变换

这是数据可视化的前期准备工作。原始数据中含有噪声和误差，还会有一些信息被隐藏。可视化之前需要将原始数据转换成用户可以理解的模式和特征并显示出来。所以，数据处理和变换是有必要的。它包括去噪、数据清洗、提取特征等流程。

（3）可视化映射

可视化映射过程是整个流程的核心，其主要目的是让用户通过可视化结果去理解数据信息以及数据背后隐含的规律。该步骤将数据的数值、空间坐标、不同位置数据间的联系等映射为可视化视觉通道的不同元素，如标记、位置、形状、大小和颜色等。因此，可视化映射是与数据、感知、人机交互等互为依托，共同实现的。

（4）用户感知

可视化映射后的结果只有通过用户感知才能转换成知识和灵感。用户从数据的可视化结果中进行信息融合、提炼、总结知识和获得灵感。数据可视化可让用户从数据中获取新的信息，也可证实自己的想法是否与数据所展示的信息相符，用户还可以利用可视化结果向他人展示数据所包含的信息。用户可以与可视化模块进行交互。交互功能在可视化辅助分析决策方面发挥了重要作用。

目前，还有很多科学可视化和信息可视化工作者不断地优化可视化工作流程。

图 1-10 所示为 Haber 和 McNabb 这两位学者提出的可视化流水线，描述了从数据空间到可视空间的映射，包含了数据分析、数据过滤、数据可视映射和绘制 4 个阶段。这个流水线常用于科学计算可视化系统中。

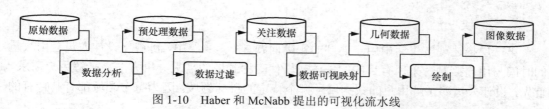

图 1-10 Haber 和 McNabb 提出的可视化流水线

图 1-11 所示为图书情报领域信息可视化流程模型，该模型把流水线改成了回路，用户可在任何阶段进行交互。

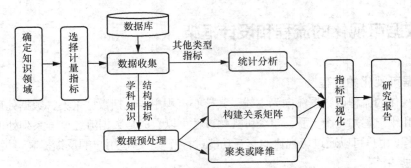

图 1-11　图书情报领域信息可视化流程模型

可以看出，不管在哪种可视化流程中，人都是核心要素。虽然机器可承担对数据的计算和分析工作，而且在很多场合比人的效率高，但人仍是最终决策者。

2. 数据可视化的设计标准

设计数据可视化时，我们应遵守以下可视化设计标准。

① 表达力强。能真实全面地反映数据的内容。

② 有效性强。一个有效的可视化设计应在短时间内把数据信息以用户容易理解的方式显示出来。

③ 能简洁地传达信息。简洁地传达信息能在有限的画面里呈现更多的数据，而且不容易让用户产生误解。

④ 易用。用户交互的方式应该简单、明了，用户操作起来更方便。

⑤ 美观。视觉上的美感可以让用户更易于理解可视化要表达的内容，提高工作效率。

3. 数据可视化的设计框架

数据可视化的设计框架分为 4 个层次，如图 1-12 所示。

图 1-12　可视化设计框架

第一层描述现实生活中用户遇到的实际问题。在第一层中，可视化设计人员会用大量的时间与用户接触，采用有目的的采访或软件工程领域的需求分析方法来了解用户需求。首先，设计人员要了解用户的数据属于哪个特定的目标领域。因为每个领域都有其特有的术语来描述数据和问题，通常也有一些固定的工作流程来描述数据如何用于解决每个领域的问题。其次，描述务必细致，因为这可能是对领域问题的直接复述或整个设计过程中数据的描述。最后，设计人员需要收集与问题相关的信息，建立系统原型，并通过观察用户与原型系统的交互过程来判断所提出方案的实际效果。

第二层是抽象层。它将第一层确定的任务和数据转换为信息可视化术语。这也是可视化设计人员面临的挑战之一。在数据抽象过程中，可视化设计人员需要考虑是否将用户提供的数据集转化为其他形式，以及使用何种转化方法，以便选择合适的可视编码，完成分析任务。

第三层是编码层，设计视觉编码和交互方式，是可视化研究的核心内容。视觉编码和交互这两个层面通常相互依赖。为应对一些特殊需求，第二层确定的抽象任务应被用于指导视觉编码方法的选取。

第四层则需要具体实现与前 3 个层次匹配的数据可视化展示和交互算法，相当于一个细节描述过程。它与第三层的不同之处在于第三层确定应当呈现的内容及呈现的方式，而第四层解决的是如何完成的问题。

框架中的每个层次都存在不同的设计难题，第一层需要准确定义问题和目标，第二层需要正确处理数据，第三层需要提供良好的可视化效果，第四层需要解决可视化系统的运行效率问题。各层之间是嵌套关系，外层的输出是内层的输入。

1.5　常见的可视化方法

1. 时间数据可视化方法

时间序列数据是以时间为分组的数据，它显示了在一段时间内发生的一系列事件。时间和我们的日常生活是紧密相连的，所以时间数据的可视化非常重要。

时间型数据类型是按时间顺序排列的一系列数据值。与一般的定量数据不同，时间型数据包含时间属性，不仅要表达数据随时间变化的规律，还要表达数据分布的时间规律。时间数据可以分为离散型时间数据和连续型时间数据两种。

连续型采用折线图、梯形图、拟合图这 3 种图表来表现数据，离散型采用柱形图、堆叠图、点状图这 3 种图表来表现数据，这些图表各有各的特点。要更好地理解事物的发展情况，就需要从图表中挖掘信息。要从一堆源数据中获取整体概貌可能很困难，但是通过图表就能一眼看出事物的发展趋势。这就是数据可视化的优势。

2. 比例数据可视化方法

比例数据是根据类别、子类别和群体进行划分的。此处的群体为统计学意义上的群体，它代表各种可能的选择和产出，即为样本空间。

对于比例数据进行可视化主要从整体与部分的关系或者时间与空间的分布入手。通常可以使用饼图、环形图、堆叠柱形图和板块层级图来呈现各部分比例数据。进行比例数据可视化可以看到最大值、最小值和整体与部分的关系；对于同一个问题有多种选项时，可以通过堆叠柱形图看到整体中所有问题选项的分布情况，同时也可以看到每个问题选项的情况；对于类似于树状的数据，可以通过板块层级图来展示，清楚地看出分布情况；对于带时空属性的比例数据，可以通过堆叠面积图来呈现，既可以看到随时间变化数据的变化情况，也可以看到同一时间不同问题的比例分布情况。

3．关系数据可视化

关系数据具有关联性和分布性。分析此类数据时，不仅要从整体进行观察，还要关注数据的分布，如数据间是否存在重叠或者是否毫不相干？还可以从更宽泛的角度观察各个分布数据的相关关系。最重要的是数据在进行可视化处理后，呈现在读者眼前的图表所表达的意义是否明确。

数据的关联性，其核心是指量化的两个数据间的数理关系。关联性强是指一个数值变化，另一个数值也会随之发生变化。关联性弱是指一个数值变化时，另一个数值变化很小或没有发生变化。通过数据关联性，就可以根据一个已知的数值变化预测另一个数值的变化。通常通过气泡图、散点图、散点图矩阵来研究这类关系。

数据的分布性指的是统计学里的众数、中位数、平均数等概念。一般来说，统计学属性是一组数据的代表，但是它们仅描述了一组数据的大概分布情况，无法呈现数据的整体面貌。可视化图表则可以解决这个问题，它可以表现所有数据的内容，并且将数据的分布情况一目了然地呈现在读者面前。通常通过茎叶图、直方图、密度图来研究这类关系。

4．文本数据可视化方法

文本数据是传统的数据类型之一，但是通常情况下大多数人对文本信息的接受速度远小于对图形图像信息的接受速度。当成段的文字摆在我们面前时，我们会先找文中的图片来看。这一方面说明人们对图形的接受程度比枯燥的文字要高很多，另一方面说明人们急需一种更高效的信息传递方式。因此文本数据可视化应运而生。

文本信息是无结构化的信息，文本信息可视化要将此类信息转换为用户乐于接受的空间可视表达结果。文本可视化的目的在于利用可视化表达技术刻画文本和文档，并将其中的信息直观地呈现给用户。用户通过感知和辨析这些可视化的图元信息获取自己想要的信息。因此，文本可视化的原则是帮助用户快速准确地从文本中提取信息并展示信息。

文本可视化可以分为文本内容可视化、文本关系可视化及文本多特征信息可视化。文本内容可视化是对文本内的关键信息分析后的展示，常用方法包括标签云、文档散、文本流等。文本关系的可视化既可以对单个文本进行内部的关系展示，也可以对多个文本进行文本之间的关系展示，常用方法包括词语树、短语网络、星系视图等。文本多特征信息可视化是结合文本的多个特征进行全方位的可视化展示，主要方法为平行标签云。

5．大屏数据可视化方法

大屏数据可视化以大屏为主要展示载体进行数据的可视化呈现。大屏易在观感上给人留下深刻印象，便于营造某些独特氛围、打造仪式感。大屏数据可视化具有面积大、分辨率高、可展示信息多等特点，成为大数据时代可视化的发展方向。

大屏数据可视化分为信息展示、数据分析、监控预警3类。其利用屏幕大、可展示信息多的特点，将复杂、抽象的内容通过可视化更加直观的方式，以易于理解的形式帮助人们更好决策。

大屏数据可视化设计首先是要服务于业务，让业务指标和数据合理展现。合理的布局能让业务内容更富有层次，合理的配色能让观看者更舒适，业界常用的配色通常为深色调，具有一致性。细节影响感官体验，在大屏展现上，细节也会极大地影响整体效果。通过适当地给元素、标题、数字等添加一些诸如边框、图画等在内的点缀，能帮助提升整体美观度。最后动效的增加能让大屏看上去是活的，增加观感体验。

大屏可视化涵盖的技术领域广，需要在深入理解业务的基础上进行视觉设计，并通过前后端开发、数据交互开发等手段完成，同时还需要一些硬件工程师协助。

6. 基于 Web 可视化方法

基于 Web 的可视化技术具有天然的跨平台属性、实时性、用户便利性，被广泛地应用于数据可视化领域。

早期的 Web 可视化技术主要利用 VRML（Virtual Reality Modeling Language，虚拟现实建模语言）和浏览器的 Java 插件，或者服务端的渲染实现，以及其他集成 Java、JavaScript 和 Flash 的方式。目前 Web 可视化技术的发展趋势是通过 WebGL 和 HTML5 来充分利用终端的 GPU（Graphics Processing Unit，图形处理单元）进行加速渲染的，这种方式并不需要浏览器加装任何的插件。基于 GPU 的可视化技术将计算渲染的负担由 GPU 承担，以改善渲染和交互的体验。因为通过用户终端进行渲染计算的方式无须反复与服务端交换交互操作参数和渲染生成的图片，所以避免了网络延迟造成的用户不好体验问题。

了解 Web 可视化工具之前先要了解一些 Web 可视化底层技术规范，主要规范如下。

SVG（Scalable Vector Graphics，可缩放矢量图形）：它是基于可扩展标记语言（标准通用标记语言的子集）用于描述二维矢量图形的一种图形格式。

Canvas 2D：Canvas 通过 JavaScript 绘制 2D 图形，通过逐像素的方式进行渲染。

Canvas 3D WebGL（Web Graphic Library）：WebGL 是一个 JavaScript API（Application Programming Interface，应用程序接口），用于在任何兼容的 Web 浏览器中渲染 3D 图形。WebGL 程序由用 JavaScript 编写的控制代码和用 OpenGL 着色语言编写的着色器代码构成，这种语言类似于 C 或 C++，可在 GPU 上执行。

比较流行的基础绘图库，基于 SVG 的有 snap.svg、rapheal.js 等，基于 Canvas 2D 的有 zrender、g 等，基于 WebGL 的有 three.js、SceneJS、PhiloGL 等，这些基础绘图库可以让上层封装更简单容易。

WebGL 和 HTML5 使浏览器有能力成为数据可视化应用程序的首选平台。鉴于跨平台的浏览器无处不在，可视化工具可以利用所有可用的计算资源来支持异地研究团队实现协作可视化。

Web 可视化的优势十分明显，尤其是随着 5G 的推广，带宽和延迟带来的限制将越来越少。

1.6　数据可视化工具

目前已经有许多数据可视化工具，而且大部分都是免费的，可以满足用户的各种可视化需求。数据可视化工具大致分为入门级工具（Excel）、在线可视化工具（D3.jS、ECharts、Tableau）、类图形用户界面可视化工具（PolyMaps、Crossfilter、Tangle）和高级分析工具（Processing、R 语言、Python、Gephi）等。

1. 入门级工具

Excel 是办公软件 Office 家族的系列软件之一。该软件通过工作簿存储数据，可以进行各种数据的处理、统计分析和辅助决策操作，其被广泛应用于管理、统计、金融等领域。Excel 是日常数据分析工作中最常用的工具，简单易用，用户通过简单的学习就可以轻松使用 Excel 提供的各种图表功能。尤其是当需要制作折线图、饼状图、柱形图、散点图等各种统计图表时，Excel 通常是普通用户的首选工具。Excel 2016 内置了 Power Query 插件、管理数据模型、预测工作表、Power Privot、Power View、Power Map 等数据查询分析工具。Excel 的缺点是在颜色、线条和样式上可选择的种类较为有限。

2. 在线可视化工具

（1）D3.js

D3 代表数据驱动文档。D3.js 是一个用于根据数据操作文档的 JavaScript 库。D3.js 是一个动态的、交互式的在线数据可视化框架，被用于大量网站。D3.js 由 Mike Bostock 编写，是作为早期可视化工具包 Protovis 的继承者而创建的。

D3.js 是一个用于信息可视化的 JavsScript 库，它建立在浏览器的文档对象模型（Document Object Model，DOM）以及 CSS 和可缩放矢量图形（Scalable Vector Graphics，SVG）之上。SVG 是使用标记语言进行 2D 图形渲染的另一种方法。D3.js 允许用户将要可视化的数据绑定到 DOM 元素，并根据基础数据的属性值操纵元素属性。它显示元素的文档模型而不是提供自定义的数据模型（这避免了在模型之间转换时产生额外的开销）。直接操作 DOM 会导致性能下降，尤其是对于大型数据集，因为每当 DOM 发生变化时，都可能要求浏览器进行布局、绘制和合成。但是，通过使用 DOM 模型，可以确保与其他 Web 标准的无缝互操作性。

D3.js 最擅长处理矢量图形，提供大量的复杂图标样式。D3.js 是最好的数据可视化框架之一，它可用于生成简单和复杂的可视化图形以及用户交互和过渡效果。

使用 D3.js 时，可以通过将库文件下载并解压至本地的方式进行使用。编程时在 HTML 文件中引入解压的文件即可。

（2）ECharts

ECharts（Enterprise Charts，企业级图表）是一个纯 JavaScript 的图表库，可以流畅地运行在 PC（Personal Computer，个人计算机）和移动设备上，兼容当前绝大部分浏览器，底层依赖 Canvas 类库 ZRender，提供直观、生动、可交互、可高度个性化定制的数据可视化图表。

ECharts 支持以 Canvas、SVG（4.0+）、矢量可标记语言（Vector Markup Language，VML）的形式渲染图表。VML 可以兼容低版本 IE，SVG 使移动端不再为内存担忧，Canvas 可以轻松应对大数据量和特效的展现。不同的渲染方式提供了更多选择，使 ECharts 在各种场景下都有较好的表现。同时 ECharts 提供深度的交互式数据探索方法，具有丰富的视觉编码手段，支持多维数据，支持动态数据。

（3）Tableau

Tableau 是一款智能的数据可视化工具。Tableau 是用于可视分析数据的商业智能工具。用户可以创建和分发交互式和可共享的仪表板，以图形和图表的形式描绘数据的趋势、变化和密度。

Tableau 公司将数据运算与美观的图表完美地嫁接在一起。它的程序易于使用，各公司可以用它将大量数据拖放到数字"画布"上，短时间内就能创建好各种图表。Tableau 可以连接文件、关系数据源和大数据源来获取和处理数据。该软件允许数据混合和实时协作。它被企业、学术机构和政府用来进行视觉数据分析。

作为领先的数据可视化工具，Tableau 具有许多理想的和独特的功能。其强大的数据发现和探索应用程序允许用户在几秒钟内回答重要的问题。用户可以使用 Tableau 的拖放界面可视化任何数据，探索不同的视图，甚至可以轻松地将多个数据库组合在一起。它不需要任何复杂的脚本，只要理解业务问题，相关人员就能通过相关数据的可视化来解决问题。

3．类图形用户界面可视化工具

随着在线数据可视化的发展，按钮、下拉列表和滑块都进化成更加复杂的界面元素。例如能够调整数据范围的互动图形元素，推拉这些图形元素时输入参数和输出结果数据会同步改变，在这种情况下，图形控制和内容已经合为一体。

PolyMaps 是一个地图库，主要面向数据可视化用户。PolyMaps 在地图风格化方面有独到之处，类似 CSS 样式表的选择器。PolyMaps 是一个免费的 JavaScript 库，用于在主流 Web 浏览器中制作动态交互式地图，可同时使用位图和 SVG 矢量地图。

Crossfilter 是一个用来展示大数据集的 Java 库，能够生成动态交互式的图表。当用户调整一个图表中的输入范围时，其他关联图表的数据也会随之改变。

JavaScript 库 Tangle 进一步模糊了内容与控制之间的界限。Tangle 同样能够生成动态交互式的图表。Tangle 生成的图像会随用户设定参数的改变而动态改变。图 1-13 为 Tangle 生成的状态控制图。

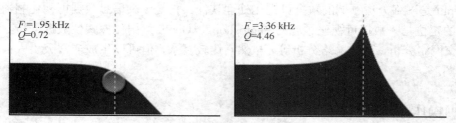

图 1-13 Tangle 生成的状态控制图

4．高级分析工具

（1）Processing

Processing 是一门适合设计师和数据艺术家使用的开源语言，它具有语法简单、操作便捷的特点。

Processing 开发环境包括一个简单的文本编辑器、一个消息区、一个文本控制台、管理文件的标签、工具栏按钮和菜单。使用者可以在文本编辑器中编写自己的代码，这些代码组成的程序称为草图（Sketch），单击运行按钮即可运行程序。在 Processing 中，程序设计默认采用 Java 模式，也可以采用其他模式，如 Android、Python 等。在数据可视化方面，Processing 不仅可以绘制二维图形（默认是二维图形），还可以绘制三维图形。此外，为了扩展其核心功能，Processing 还包含许多库和工具，支持播放声音、计算机视觉、三维几何造型等。

（2）R 语言

R 语言是一个免费、开源的软件，是一套完整的数据处理、计算和制图软件系统，包括数据存储和处理系统、数组运算工具（其向量、矩阵运算方面功能尤其强大）、完整连贯的统计分析工具、优秀的统计制图功能、简便而强大的编程语言（可操纵数据的输入和输出，可实现分支、循环，用户可自定义功能）。

R 语言的使用，在很大程度上借助了各种各样的 R 包的辅助，从某种程度上讲，R 包就是针对 R 的插件，不同的插件可满足不同的需求，如经济计量、财经分析、人文科学研究以及人工智能等。

（3）Python

Python 是一种面向对象的解释型计算机程序设计语言，已成为最受欢迎的程序设计语言之一。Python 具有简单、易学、免费开源、可移植性好、可扩展性强等特点。国内外用 Python 做科学计算的研究机构日益增多，一些知名大学已经采用 Python 来教授程序设计课程。众多开源的科学计算软件包都提供了 Python 的调用接口，例如著名的计算机视觉库 OpenCV、三维可视化库 VTK（Visualization Tookit）、医学图像处理库 ITK（Insight Tookit）。Python 专用的科学计算扩展库更多，例如十分经典的科学计算扩展库：NumPy、pandas、Matplotlib，它们为 Python 提供了快速数组处理、数值运算以及绘图功能。因此，Python 语言及其众多的扩展库所构成的开发环境十分适合工程技术人员和科研人员处理实验数据、制作图表，还可用其开发科学计算应用程序。

（4）Gephi

Gephi 是网络分析领域的数据可视化处理软件。它是一款信息数据可视化利器，开发者对它的定位是"数据可视化领域的 Photoshop"。Gephi 可用作探索性数据分析、链接分析、社交网络分析、生物网络分析等。虽然它比较复杂，但可以生成非常吸引人们眼球的可视化图形。

实训操作　制作南丁格尔玫瑰图

饼图是用角度的大小体现数值或占比的，南丁格尔玫瑰图则用扇形的半径表示数据的大小，各扇形的角度保持一致。可以说南丁格尔玫瑰图实际上是一种极坐标化的圆形直方图。它夸大了数据之间差异的视觉效果，适合展示数据差异较小的数据。

在 Excel 中，很多图形的绘制需要先对原始数据做一定的处理，然后结合辅助列来完成最终图表的制作，玫瑰图也不例外。Excel 图表里是没有南丁格尔玫瑰图这个模板的，但是我们可以用雷达面积图来做，玫瑰图实质就是雷达图的变种。图 1-14 就是一个使用南丁格尔玫瑰图展示各种水果销量的样例，如果在汇报中我们使用这样的方式是不是非常吸引人呢？

以下是图 1-14 南丁格尔玫瑰图的详细制作过程（本书这里使用的软件是 Excel 2019）。

① 雷达图其实就是一个圆，即 360°。水果种类数可以用 COUNTA() 函数计算。那么

最终每一个种类占据的角度值为 360°/16=22.5°。步骤 1 如图 1-15、图 1-16 所示。

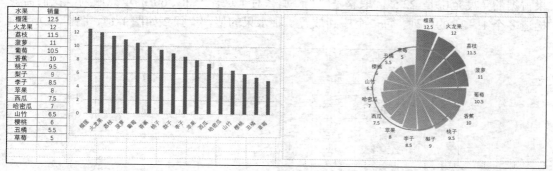

图 1-14　南丁格尔玫瑰图

	A	B	C	D	E	F
1					水果种类	占据角度
2		水果	销量			
3		榴莲	12.5			
4		火龙果	12			
5		荔枝	11.5			
6		菠萝	11			
7		葡萄	10.5			
8		香蕉	10			
9		桃子	9.5			
10		梨子	9			
11		李子	8.5			
12		苹果	8			
13		西瓜	7.5			
14		哈密瓜	7			
15		山竹	6.5			
16		樱桃	6			
17		丑橘	5.5			
18		草莓	5			
19						

图 1-15　步骤 1-1

	A	B	C	D	E	F
1					水果种类	占据角度
2		水果	销量		16	22.5
3		榴莲	12.5			
4		火龙果	12			
5		荔枝	11.5			
6		菠萝	11			
7		葡萄	10.5			
8		香蕉	10			
9		桃子	9.5			
10		梨子	9			
11		李子	8.5			
12		苹果	8			
13		西瓜	7.5			
14		哈密瓜	7			
15		山竹	6.5			
16		樱桃	6			
17		丑橘	5.5			
18		草莓	5			
19						

图 1-16　步骤 1-2

② 开始构造数据区域。我们要填充一个 360° 的数字序列。我们已经知道，每一种水果占据的角度范围是 22.5°，取整是 22°，那么对于这样一个 360° 的填充序列，我们需要构造多个 1～21 的序列，每一个序列放置一种水果的值，步骤 2 如图 1-17、图 1-18 所示。

	A	B	C	D	E	F	G	H
1					水果种类	占据角度		
2		水果	销量		16	22.5	1	1
3		榴莲	12.5				2	2
4		火龙果	12				3	3
5		荔枝	11.5				4	4
6		菠萝	11				5	5
7		葡萄	10.5				6	6
8		香蕉	10				7	7
9		桃子	9.5				8	8
10		梨子	9				9	9
11		李子	8.5				10	10
12		苹果	8				11	11
13		西瓜	7.5				12	12
14		哈密瓜	7				13	13
15		山竹	6.5				14	14
16		樱桃	6				15	15
17		丑橘	5.5				16	16
18		草莓	5				17	17
19							18	18
20							19	19
21							20	20
22							21	21
23							22	22
24							23	1
25							24	2
26							25	3
27							26	4

图 1-17　步骤 2-1

	A	B	C	D	E	F	G	H	I
1					水果种类	占据角度			数据
2		水果	销量		16	22.5	1	1	0
3		榴莲	12.5				2	2	12.5
4		火龙果	12				3	3	12.5
5		荔枝	11.5				4	4	12.5
6		菠萝	11				5	5	12.5
7		葡萄	10.5				6	6	12.5
8		香蕉	10				7	7	12.5
9		桃子	9.5				8	8	12.5
10		梨子	9				9	9	12.5
11		李子	8.5				10	10	12.5
12		苹果	8				11	11	12.5
13		西瓜	7.5				12	12	12.5
14		哈密瓜	7				13	13	12.5
15		山竹	6.5				14	14	12.5
16		樱桃	6				15	15	12.5
17		丑橘	5.5				16	16	12.5
18		草莓	5				17	17	12.5
19							18	18	12.5
20							19	19	12.5
21							20	20	12.5
22							21	21	12.5
23							22	22	12.5
24							23	1	0
25							24	2	12
26							25	3	12
27							26	4	12

图 1-18　步骤 2-2

③ 但是最终的效果图是每一个块与块之间存在一个缝隙。前文中已介绍每一种水果是 22°，我们将第一个角度改为 0，步骤 3 如图 1-19 所示。

	A	B	C	D	E	F	G	H	I	J
1					水果种类	占据角度			数据	平均值
2		水果	销量		16	22.5	1	1	0	8.75
3		榴莲	12.5				2	2	12.5	8.75
4		火龙果	12				3	3	12.5	8.75
5		荔枝	11.5				4	4	12.5	8.75
6		菠萝	11				5	5	12.5	8.75
7		葡萄	10.5				6	6	12.5	8.75
8		香蕉	10				7	7	12.5	8.75
9		桃子	9.5				8	8	12.5	8.75
10		梨子	9				9	9	12.5	8.75
11		李子	8.5				10	10	12.5	8.75
12		苹果	8				11	11	12.5	8.75
13		西瓜	7.5				12	12	12.5	8.75
14		哈密瓜	7				13	13	12.5	8.75
15		山竹	6.5				14	14	12.5	8.75
16		樱桃	6				15	15	12.5	8.75
17		丑橘	5.5				16	16	12.5	8.75
18		草莓	5				17	17	12.5	8.75
19							18	18	12.5	8.75
20		平均值:	8.75				19	19	12.5	8.75
21							20	20	12.5	8.75
22							21	21	12.5	8.75
23							22	22	12.5	8.75
24							23	1	0	8.75
25							24	2	12	8.75
26							25	3	12	8.75
27							26	4	12	8.75

Sheet1

图 1-19　步骤 3

④ 添加一个平均值列，并给数据取一个表头名称，步骤 4 如图 1-20 所示。

	A	B	C	D	E	F	G	H	I	J
1					水果种类	占据角度			数据	平均值
2		水果	销量		16	22.5	1	1	0	8.75
3		榴莲	12.5				2	2	12.5	8.75
4		火龙果	12				3	3	12.5	8.75
5		荔枝	11.5				4	4	12.5	8.75
6		菠萝	11				5	5	12.5	8.75
7		葡萄	10.5				6	6	12.5	8.75
8		香蕉	10				7	7	12.5	8.75
9		桃子	9.5				8	8	12.5	8.75
10		梨子	9				9	9	12.5	8.75
11		李子	8.5				10	10	12.5	8.75
12		苹果	8				11	11	12.5	8.75
13		西瓜	7.5				12	12	12.5	8.75
14		哈密瓜	7				13	13	12.5	8.75
15		山竹	6.5				14	14	12.5	8.75
16		樱桃	6				15	15	12.5	8.75
17		丑橘	5.5				16	16	12.5	8.75
18		草莓	5				17	17	12.5	8.75
19							18	18	12.5	8.75
20		平均值:	8.75				19	19	12.5	8.75
21							20	20	12.5	8.75
22							21	21	12.5	8.75
23							22	22	12.5	8.75
24							23	1	0	8.75
25							24	2	12	8.75
26							25	3	12	8.75
27							26	4	12	8.75

Sheet1

图 1-20　步骤 4

⑤ 选中数据列和平均值列，插入雷达图。使用快捷键"Ctrl+Shift+↓"，向下选中数据，步骤 5 如图 1-21 所示。

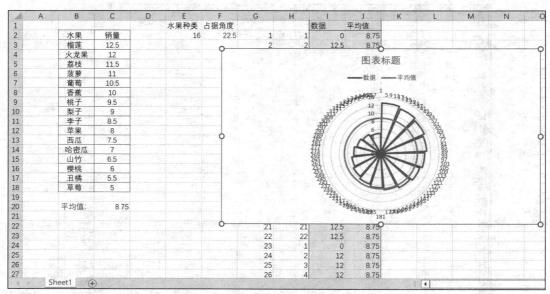

图 1-21　步骤 5

⑥ 调整雷达图的格式，步骤 6 如图 1-22 所示。

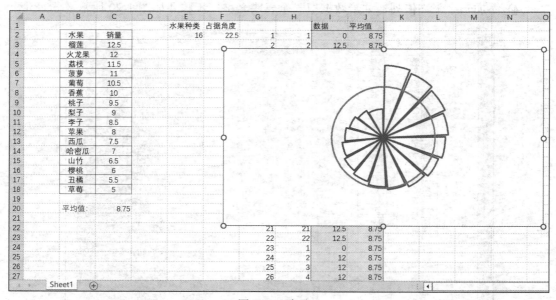

图 1-22　步骤 6

⑦ 图中深灰色的圆圈代表我们的平均值。外环的每一个空白格代表一种水果。中间的缝隙就是我们开始留下的 1°。接下来，我们更改图表类型，使用填充雷达图，步骤 7

如图 1-23 所示。再次调整图形的格式，将平均值的线条变细一点。将 Excel 表"水果种类"的填充色选为单色填充。

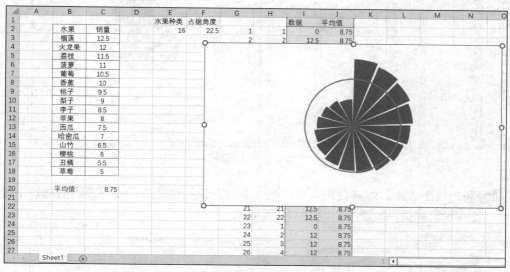

图 1-23　步骤 7

⑧ 至此南丁格尔玫瑰图基本完成，只差一个标签。这需要我们构造一个辅助列。原理是什么呢？每一种水果，1～21 为一个周期，我们的标签值正好是在对应种类的正中间，即 11°的位置显示一个标签，其余位置不显示标签。接下来，我们就来构造这个标签辅助列，如图 1-24 所示。

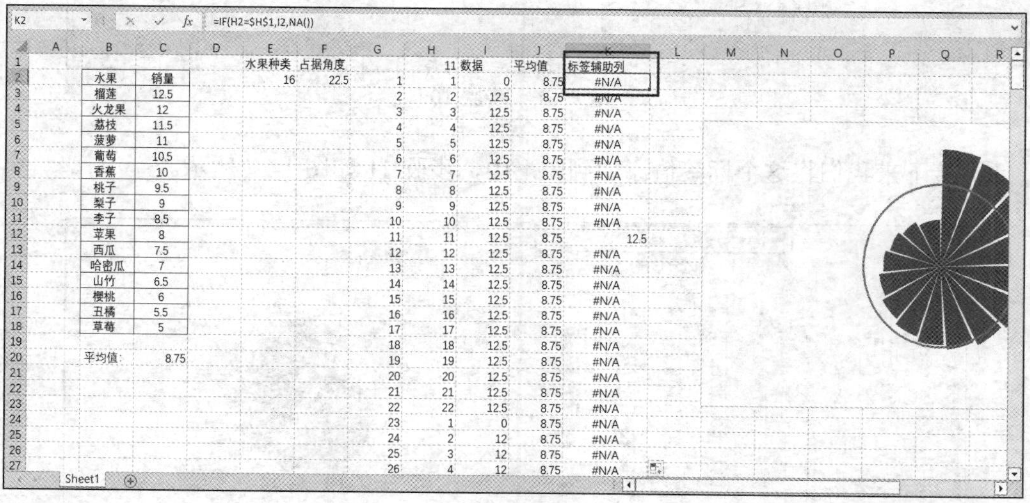

图 1-24　步骤 8

⑨ 接下来先选中标签辅助列，接着选中图形，使用快捷键"Ctrl+V"粘贴即可，步骤 9 如图 1-25 所示。

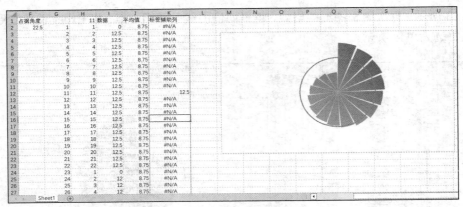

图 1-25　步骤 9

⑩ 利用这个思路，同样我们可以构造一个种类标签辅助列，使得最终的标签不仅有数据，还有水果种类，步骤 10 如图 1-26 所示。

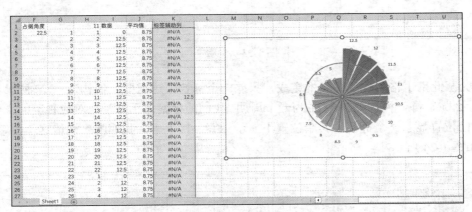

图 1-26　步骤 10

⑪ 接下来我们将这个标签值添加到图形中，步骤 11 如图 1-27 所示。

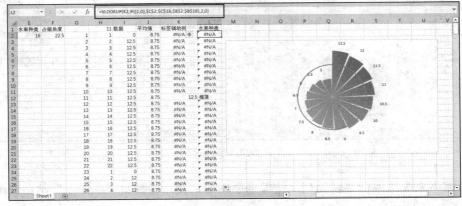

图 1-27　步骤 11

⑫ 再次进行格式调节，将种类和数值换行显示。至此南丁格尔玫瑰图就制作完成，步骤 12 如图 1-28 所示。

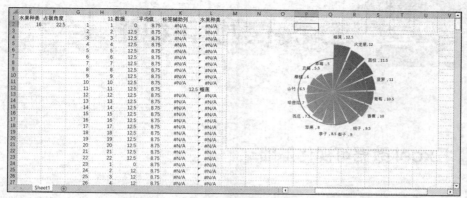

图 1-28 步骤 12

第 2 章　Excel 数据可视化

2.1　Excel 数据可视化基础

身处大数据时代，数据已经渗透各行各业，无论你从事什么工作，都可能和数据打交道，需要完成数据汇总、数据比对、数据提取或者数据报表制作等工作。手动处理这类工作，不仅费时费力，而且容易出错。其实，Excel 早已具备对应的功能。我们可以通过 Excel 表格，直观地进行数据统计，也可以通过制作图表的形式实现数据可视化。

使用 Excel 表格时，我们经常需要用到很多函数。如一名办公室文员在工作中需要使用 Excel 统计简单的数据，这时就要用到 VLOOKUP、SUMIFS、COUNTIF、AVERAGEIF 等查找统计函数。这些函数可解决工作中的大部分问题。此外还有求和、筛选、求平均数、多个 Sheet 表格叠加、查找/替换等功能函数。

💫导读案例💫　广告投放：全天各时段的下单趋势变化情况

在实际工作中，我们进行数据处理和统计的目的是更好地进行数据分析，找出隐藏在数据背后的规律，从而更有效地指导经营、决策。数据分析中最常用的 3 种经典方法是数据趋势分析、数据对比分析和数据占比分析。下面我们结合一个实际案例，介绍进行数据趋势分析时必备的 Excel 经典图表。

希望科技有限公司在 2020 年 3 月开始在全天各时段投放广告，为了实现更好的广告推广效果，公司拟对广告在各时段的投放力度进行调整，这时相关人员需要查看全天各时段的下单趋势变化情况。由图 2-1 可知，要想展现数据随时间推移产生的趋势变动情况，使用折线图是最适合的。

为了完成这一数据分析，我们先了解一下使用 Excel 进行基础数据处理所需的知识。

	A	B
1	时间	下单数
2	0	568
3	1	312
4	2	166
5	3	26
6	4	18
7	5	120
8	6	330
9	7	680
10	8	1260
11	9	720
12	10	506
13	11	350
14	12	920
15	13	806
16	14	420
17	15	310
18	16	201
19	17	500
20	18	580
21	19	690
22	20	960
23	21	1590
24	22	1850
25	23	1320

注：下单数的单位为单。

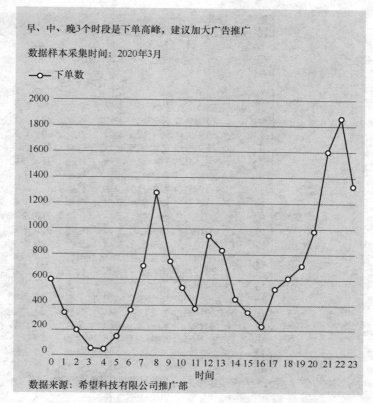

图 2-1　各时段的下单数

知识准备　Excel 的函数与图表处理功能

2.1.1　整理数据

1. 数据导入

在实际工作中，很多平台和系统导出的数据都是 TXT 格式的，我们就从文本文件数据的导入开始介绍。

需要导入的文本文件内容如图 2-2 所示。

要在 Excel 中导入文本文件中的数据有两种方法，一种是利用文本导入工具，另一种是借助 Power Query 工具。前者是 Excel 各个版本通用的方法，后者是 Excel 2016、Excel 2019 和 Office 365 版本的内置功能。如果使用的是 Excel 2013 或 Excel 2010，需要从微软公司官网下载并安装 Power Query 插件。这里我们详细介绍利用文本导入工具导入的过程。

在 Excel 2019 版本中，文本导入工具位于"数据"选项卡下面的"获取外部数据"组中，如图 2-3 所示。我们可以调用此工具进行文本数据的导入，具体方法如下。

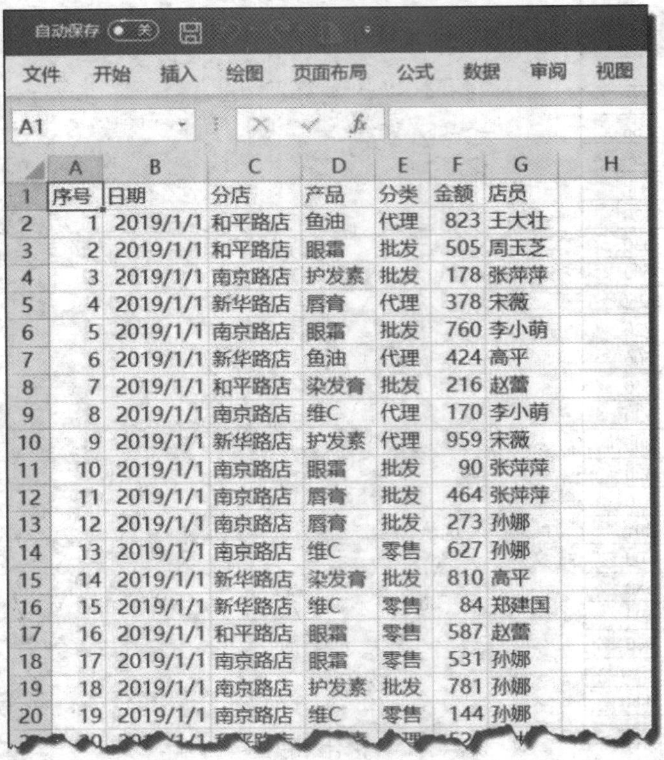

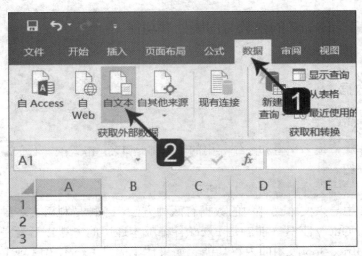

图 2-2　文本文件的内容

图 2-3　"获取外部数据"组

　　打开要导入文本数据的 Excel 工作簿，单击 A1 单元格，然后单击"数据"选项卡下的"从文本/CSV"按钮，弹出"导入数据"对话框，选择文本文件所在位置，单击"导入"按钮，如图 2-4 所示。

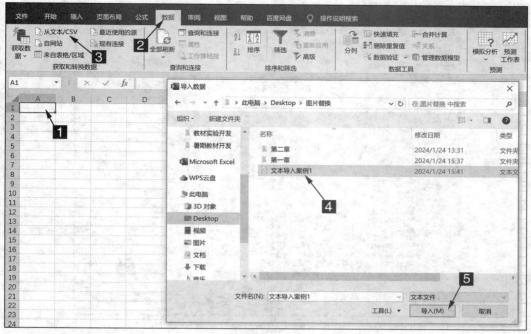

图 2-4   选择要导入的文本文件

在文本导入向导的第 1 步中，按图 2-5 所示步骤操作。

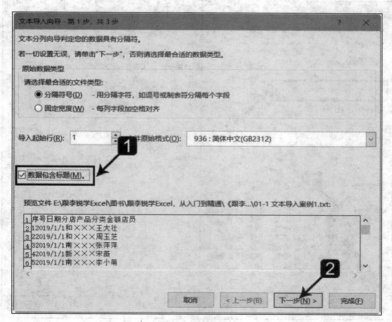

图 2-5   第 1 步

进入文本导入向导的第 2 步，按图 2-6 所示步骤操作。

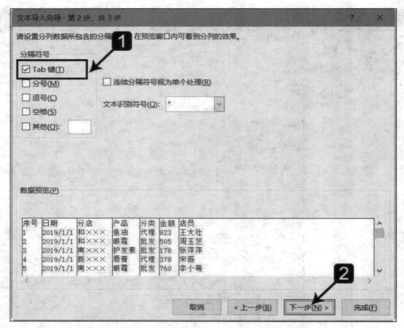

图 2-6　第 2 步

进入文本导入向导的第 3 步，按图 2-7 所示步骤操作。

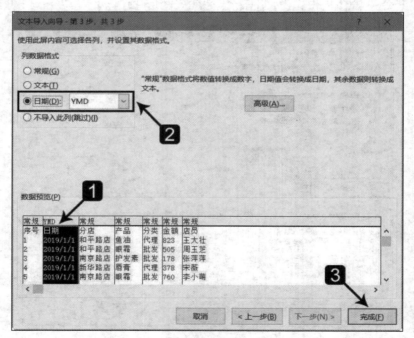

图 2-7　第 3 步

完成文本导入的操作后，设置数据的放置位置，如图 2-8 所示。

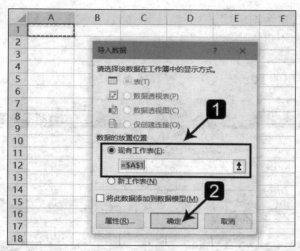

图 2-8 设置数据放置位置

将数据导入 Excel 后的效果如图 2-9 所示。

图 2-9 数据导入 Excel 后的效果

2. 数据清洗

进入大数据时代后,我们工作中有 80%以上需要分析的数据是从各种软件或系统导出的,有些系统导出的数据经常会包含脏数据,需要经过数据清洗后才能使用。这里结合以下 3 种工作中常出现的脏数据情况,介绍经典的数据清洗方法。

① 原始数据包含多余标题行。

② 原始数据包含多余空白行。

③ 原始数据包含不可见字符。

（1）删除多余标题行

某企业从系统导出的 2019 年全年销售数据如图 2-10 所示。

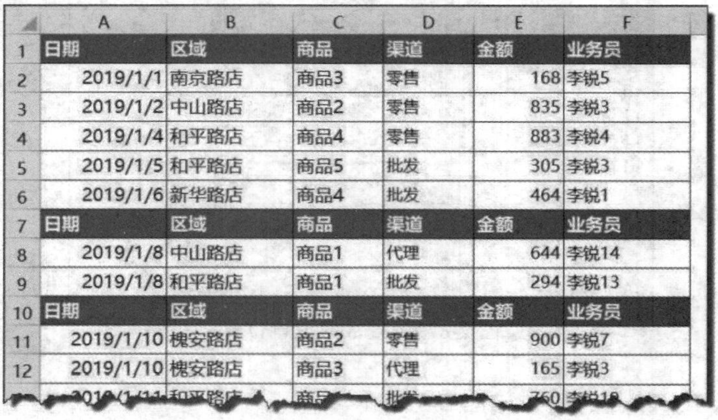

	A	B	C	D	E	F
1	日期	区域	商品	渠道	金额	业务员
2	2019/1/1	南京路店	商品3	零售	168	李锐5
3	2019/1/2	中山路店	商品2	零售	835	李锐3
4	2019/1/4	和平路店	商品4	零售	883	李锐4
5	2019/1/5	和平路店	商品5	批发	305	李锐3
6	2019/1/6	新华路店	商品4	批发	464	李锐1
7	日期	区域	商品	渠道	金额	业务员
8	2019/1/8	中山路店	商品1	代理	644	李锐14
9	2019/1/8	和平路店	商品1	批发	294	李锐13
10	日期	区域	商品	渠道	金额	业务员
11	2019/1/10	槐安路店	商品2	零售	900	李锐7
12	2019/1/10	槐安路店	商品3	代理	165	李锐3

图 2-10　2019 年全年销售数据示意

要想删除其中多余的标题行，只保留第一个标题行，应该如何操作才最快捷呢？

任选其中一个标题行中的单元格（如 A1 单元格），单击鼠标右键，然后按照图 2-11 所示步骤操作。

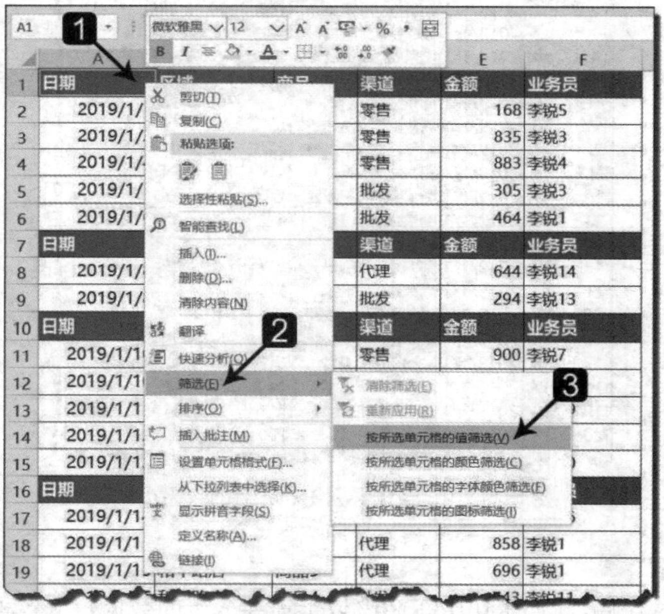

图 2-11　筛选数据

这样即可将所有的标题行全部筛选出来，如图 2-12 所示。

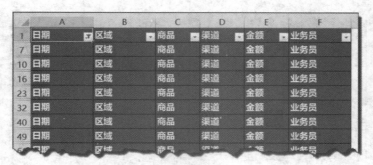

图 2-12　筛选出所有标题行

选中第二个标题行所在的整行，如图 2-13 所示，然后按 "Ctrl+Shift+↓" 组合键向下选中所有的标题行。

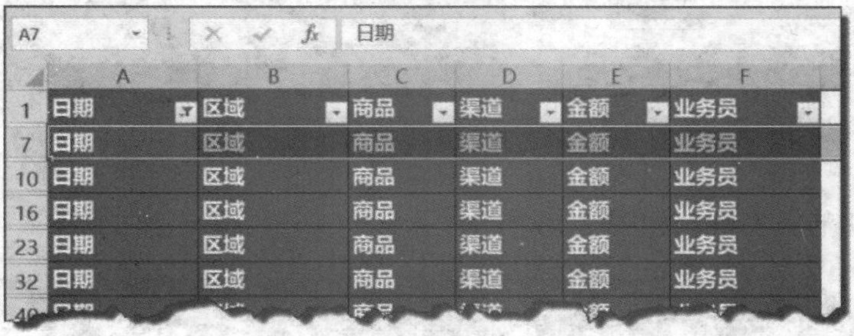

图 2-13　选择部分筛选结果

单击鼠标右键，选择 "删除行"，删除多余的标题行，如图 2-14 所示。

图 2-14　删除标题行

多余的标题行被删除后，在筛选状态下全选所有数据，如图 2-15 所示。

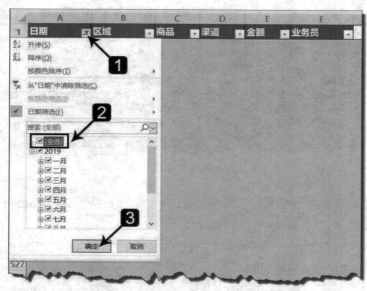

图 2-15　选择所有数据

最终得到规范的表格，如图 2-16 所示。

日期	区域	商品	渠道	金额	业务员
2019/1/1	南京路店	商品3	零售	168	李锐5
2019/1/2	中山路店	商品2	零售	835	李锐3
2019/1/4	和平路店	商品4	零售	883	李锐4
2019/1/5	和平路店	商品5	批发	305	李锐3
2019/1/6	新华路店	商品4	批发	464	李锐1
2019/1/8	中山路店	商品1	代理	644	李锐14
2019/1/8	和平路店	商品1	批发	294	李锐13
2019/1/10	槐安路店	商品2	零售	900	李锐7
2019/1/10	槐安路店	商品3	代理	165	李锐3
2019/1/11	和平路店	商品1	批发	760	李锐19
2019/1/12	和平路店	商品3	代理	547	李锐8
2019/1/12	和平路店	商品2	零售	502	李锐10
2019/1/14	中山路店	商品2	零售	681	李锐16
2019/1/15	和平路店	商品4	代理	858	李锐1
2019/1/	和平路店	品5		96	李

图 2-16　规范的表格

（2）删除多余空白行

从系统导出的原始数据除了包含多余标题行，还可能包含多余空白行，如图 2-17 所示。

由于 Excel 的筛选功能默认是按照连续区域筛选的，空白行会将原始报表分割为多个连续区域，所以如果这时还按上一案例的方法操作，就无法筛选出所有空白行了。我们换一种方法删除多余的空白行。

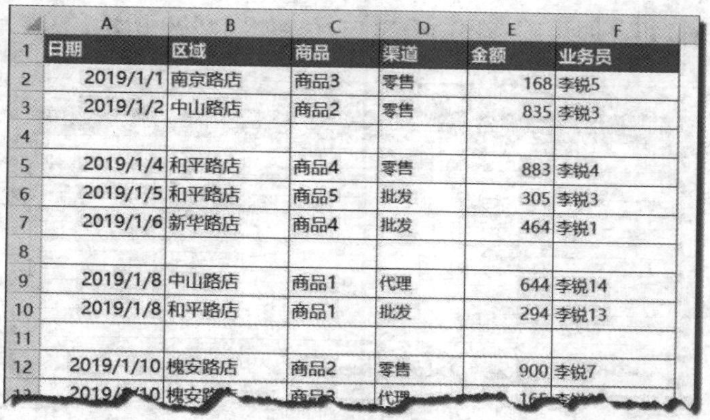

图 2-17　多余空白行

首先选择数据类别比较少的一列（如 B 列），按 "Ctrl+Shift+L" 组合键，使该列数据处于筛选状态，如图 2-18 所示。

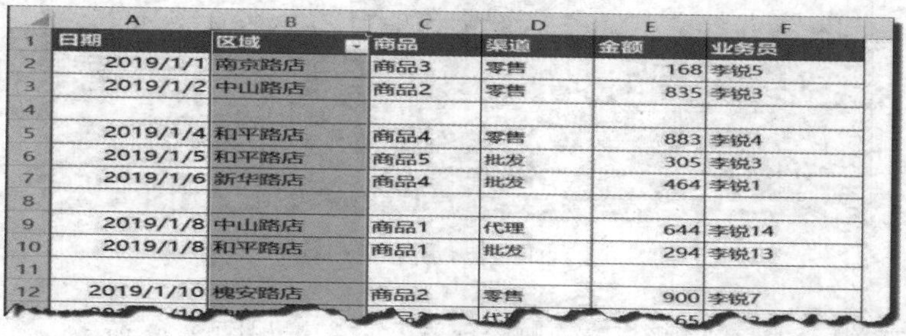

图 2-18　选择数据类别较少的一列

单击 B1 单元格右侧的筛选按钮 "⊡"，仅选中 "（空白）" 复选框，如图 2-19 所示。

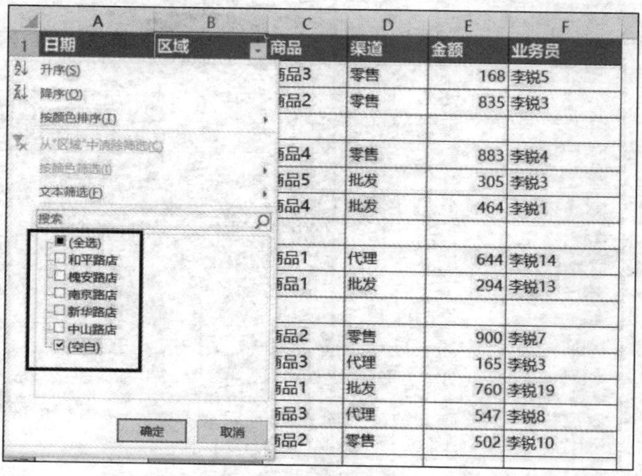

图 2-19　选择 "（空白）" 复选框

单击"确定"按钮，即可筛选出所有空白行，如图 2-20 所示。

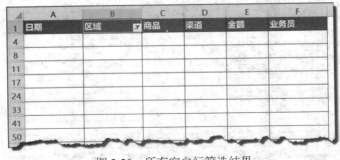

图 2-20　所有空白行筛选结果

选中第一个空白行，按"Ctrl+Shift+↓"组合键向下选中所有空白行，如图 2-21 所示。

图 2-21　选中所有空白行

单击鼠标右键，选择"删除行"，删除所有空白行，如图 2-22 所示。

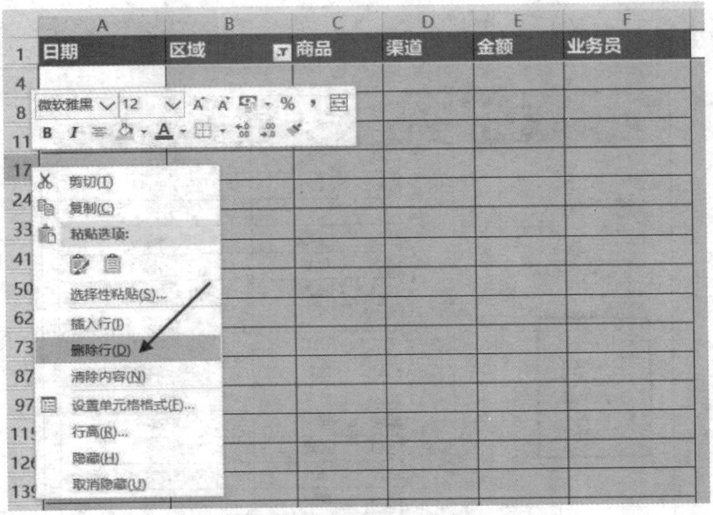

图 2-22　删除所有空白行

单击 B1 单元格右侧的筛选按钮，取消报表的筛选状态，如图 2-23 所示。

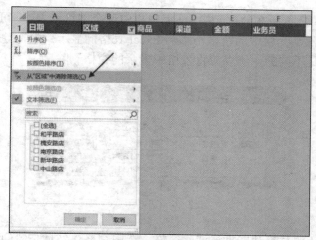

图 2-23 取消报表的筛选状态

最终得到规范的数据报表，如图 2-24 所示。

	A	B	C	D	E	F
1	日期	区域	商品	渠道	金额	业务员
2	2019/1/1	南京路店	商品3	零售	168	李锐5
3	2019/1/2	中山路店	商品2	零售	835	李锐3
4	2019/1/4	和平路店	商品4	零售	883	李锐4
5	2019/1/5	和平路店	商品5	批发	305	李锐3
6	2019/1/6	新华路店	商品4	批发	464	李锐1
7	2019/1/8	中山路店	商品1	代理	644	李锐14
8	2019/1/8	和平路店	商品1	批发	294	李锐13
9	2019/1/10	槐安路店	商品2	零售	900	李锐7

图 2-24 规范的数据报表

（3）删除不可见字符

除了包含多余标题行和多余空白行的情况，还会遇到包含不可见字符（如空格）的原始数据，下面我们结合案例讲解正确的删除方法。

某企业从系统导出的招聘信息包含不可见字符，造成格式错乱，如图 2-25 所示。

	A	B	C	D	E
1	序号	姓名	手机号	应聘岗位	
2	1	李锐	139****1234	财务	
3	2	朱怡宁	139****1235	会计	
4	3	伍欣然	139****1236	人资	
5	4	任雅艳	139****1237	技术	
6	5	袁雅蕊	139****1238	客服	
7	6	张玉琪	139****1239	美工	
8	7	孙菲	139****1240	售后	
9	8	李熙泰	139****1241	研发	
10	9	金新荣	139****1242	市场	

图 2-25 招聘信息格式错乱

在 Excel 里选中数据所在的单元格，从编辑栏中逐个字符选中，即可看到不可见字符，如图 2-26 所示。虽然单元格中的空格不影响 Excel 表格的显示效果，但是对于 Excel，"李锐"与"　李锐"是不同的，所以应将表格中多余的空格删除。

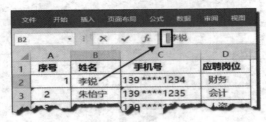

图 2-26　空格示意

下面借助 Excel 的替换功能批量清除空格。选中空格，然后按"Ctrl+C"组合键将其复制。按"Ctrl+H"组合键弹出"查找和替换"对话框，在"查找内容"文本框中按"Ctrl+V"组合键，将刚才复制的空格粘贴在此处，"替换为"文本框保持为空，单击"全部替换"按钮将空格全部替换为空，如图 2-27 所示。

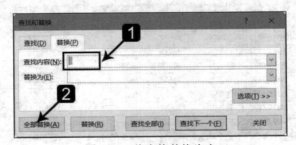

图 2-27　将空格替换为空

经过替换操作，Excel 会将刚才复制的空格全部删除，如图 2-28 所示。

	A	B	C	D
1	序号	姓名	手机号	应聘岗位
2	1	李锐	139 ****1234	财务
3	2	朱怡宁	139 ****1235	会计
4	3	伍欣然		
5	4	任雅艳		
6	5	袁雅蕊		
7	6	张玉琪		
8	7	孙菲		
9	8	李熙泰	139 ****1241	研发
10	9	金新荣	139 ****1242	市场
11				

Microsoft Excel
全部完成，完成 38 处替换。
确定

图 2-28　删除全部空格

用相同的方法继续从编辑栏复制其他类型的不可见字符，将其替换为空，最后得到规范的数据报表，如图 2-29 所示。

	A	B	C	D
1	序号	姓名	手机号	应聘岗位
2	1	李锐	139 ****1234	财务
3	2	朱怡宁	139 ****1235	会计
4	3	伍欣然	139 ****1236	人资
5	4	任雅艳	139 ****1237	技术
6	5	袁雅蕊	139 ****1238	客服
7	6	张玉琪	139 ****1239	美工
8	7	孙菲	139 ****1240	售后
9	8	李熙泰	139 ****1241	研发
10	9	金新荣	139 ****1242	市场
11				

图 2-29　规范的数据报表

2.1.2　经典 Excel 函数

1. 逻辑判断函数

工作中经常需要进行各种逻辑判断，我们可以借助 Excel 中的逻辑函数实现根据用户指定的条件自动判断结果的功能。逻辑函数除了独立使用，还经常与其他函数嵌套使用，以满足更加复杂的判断需求。

下面结合多个实际案例，分层次介绍 Excel 中常用的逻辑函数用法。

（1）单条件逻辑判断：IF 函数的使用方法。

某企业各部门人员的考核得分如图 2-30 所示。要求根据考核得分判断员工是否为优秀。判断规则：考核得分达到 4.0 分者为"优秀"。怎样才能让 Excel 实现自动判断呢？

	A	B	C	D
1	姓名	部门	考核得分	判断
2	李锐	总经办	3.6	
3	张桂英	总经办	4.1	
4	王玉兰	总经办	3.2	
5	李燕	财务部	4.5	
6	张鹏	财务部	4.8	
7	李秀兰	财务部	3.9	
8	张超	生产部	4.0	
9	王玲	生产部	3.3	
10	张玲	生产部	4.8	
11	李华	生产部	3.3	

图 2-30　各部门人员的考核得分

在 D2 单元格输入以下公式，然后将公式向下填充，效果如图 2-31 所示。

$$=IF(C2>=4,"优秀"," ")$$

IF 函数是 Excel 中常用的逻辑函数，它可以根据用户指定的条件判断，然后分别返回不同的结果，IF 函数的语法结构如下。

IF(条件判断, 条件成立时返回的结果, 条件不成立时返回的结果)

可见 IF 函数包含 3 个参数，中间用逗号（半角）分隔。需要注意的是，Excel 公式中的符号都要使用英文半角形式，这里的逗号也不例外。IF 函数返回的结果取决于第一参数，如果条件判断成立则返回第二参数，反之则返回第三参数作为结果。

图 2-31　输入公式并填充后得到的结果

此案例要求根据员工的考核得分是否达到 4.0 分进行判断，所以第一参数是"C2>=4"，如果成立返回第二参数，即"优秀"；不成立则返回第三参数，即空文本。

单独使用 IF 函数仅能处理较为简单的逻辑判断，当遇到复杂的双条件判断时，我们还可以嵌套其他函数进行处理。

（2）双条件逻辑判断：IF+AND 函数的使用方法。

某企业仅对图 2-32 中的管理岗位人员进行考核评定，要求将岗位为"管理"且考核得分达到 4.5 分者评定为"优秀管理"。

图 2-32　参评人员数据

这是要求按照双条件同时判断，仅用 IF 函数单独判断无法满足要求，可以使用 AND 函数嵌套 IF 函数来满足双条件同时判断的需求，在 E2 单元格输入以下公式：

=IF(AND(C2="管理", D2>=4.5),"优秀管理"," ")

将公式向下填充，效果示意如图 2-33 所示。AND 函数也是 Excel 中常用的逻辑函数，用于判断是否同时满足指定的多个条件，如果同时满足所有条件则返回逻辑值 TRUE，只要其中有一个条件不满足则返回逻辑值 FALSE。

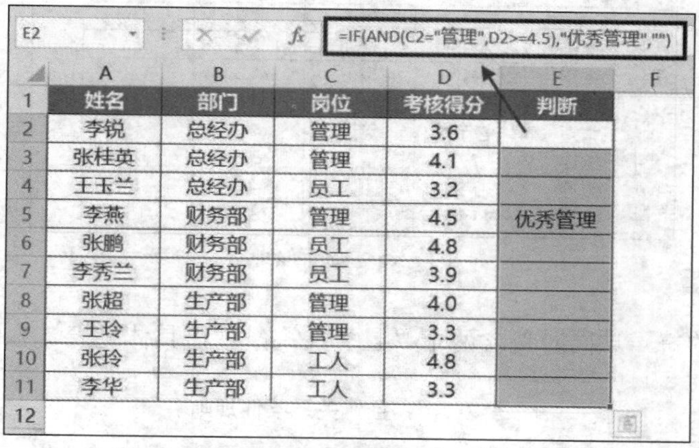
E2　=IF(AND(C2="管理",D2>=4.5),"优秀管理","")

	A	B	C	D	E	F
1	姓名	部门	岗位	考核得分	判断	
2	李锐	总经办	管理	3.6		
3	张桂英	总经办	管理	4.1		
4	王玉兰	总经办	员工	3.2		
5	李燕	财务部	管理	4.5	优秀管理	
6	张鹏	财务部	员工	4.8		
7	李秀兰	财务部	员工	3.9		
8	张超	生产部	管理	4.0		
9	王玲	生产部	管理	3.3		
10	张玲	生产部	工人	4.8		
11	李华	生产部	工人	3.3		
12						

图 2-33　函数结果

AND 函数的语法结构如下：

AND(条件 1，条件 2，…，条件 N)

可见 AND 函数可以根据实际情况指定不同的条件作为参数，各个条件参数的顺序不影响判断结果。当所有条件全部满足时说明条件成立，即返回逻辑值 TRUE；当一个或多个条件不满足时则条件不成立，即返回逻辑值 FALSE。

此案例的要求是仅将岗位为“管理”且考核得分达到 4.5 分的人员评定为“优秀管理”。这个要求可被拆分为两个条件：一是岗位等于“管理”；二是考核得分大于或等于 4.5 分。

用 AND 函数表达可以写为“AND(C2="管理", D2>=4.5)”或“AND(D2>=4.5, C2="管理")”，即第一参数和第二参数的顺序不影响判断结果，根据是否同时满足条件来返回对应的逻辑值（满足返回 TRUE，不满足返回 FALSE），然后将这个逻辑值传递给 IF 函数。

在公式“=IF(AND(C2="管理", D2>=4.5),"优秀管理"," ")”中，AND 函数返回的逻辑值传递给 IF 函数作为其第一参数；公式表示当多条件同时满足时，IF 函数返回第二参数“优秀管理”，否则返回空文本。

这样就利用 AND 函数和 IF 函数的嵌套使用，实现了需要同时满足双条件逻辑判断的需求。当遇到满足任意其一的多条件逻辑判断需求时，还可以借助 OR 函数配合 IF 函数解决问题。

（3）多条件复杂逻辑判断：IF+OR+AND 函数的使用方法。

某企业按岗位分两种不同标准对所有员工进行考核评定，判断规则如下：

① 岗位是“管理”的员工，考核得分达到 4.5 分则为优秀；

② 岗位是非“管理”的员工，考核得分达到 4.0 分则为优秀。

要求按照以上规则根据考核得分判断员工是否为“优秀”，判断样本如图 2-34 所示。

	A	B	C	D	E	F
1	姓名	部门	岗位	考核得分	判断	
2	李锐	总经办	管理	3.6		
3	张桂英	总经办	管理	4.1		
4	王玉兰	总经办	员工	3.2		
5	李燕	财务部	管理	4.5		
6	张鹏	财务部	员工	4.8		
7	李秀兰	财务部	员工	3.9		
8	张超	生产部	管理	4.0		
9	王玲	生产部	管理	3.3		
10	张玲	生产部	工人	4.8		
11	李华	生产部	工人	3.3		

图 2-34　判断样本

判断规则中的每一项同时包含两个“且”关系条件，具体见表 2-1。

表 2-1　“且”关系条件规则

规则	描述	对应公式
规则 1	岗位是“管理”并且考核得分大于或等于 4.5 分，才算优秀	AND(C2 = "管理", D2>=4.5)
规则 2	岗位不是“管理”并且考核得分大于或等于 4.0 分，才算优秀	AND(C2＜＞"管理", D2>=4)

规则 1 和规则 2 之间是“或”关系，即要么满足规则 1，要么满足规则 2，只要满足其中一条规则都算优秀。

需要同时满足所有条件的多条件判断可以使用 AND 函数实现，只要满足所有条件其中之一的多条件判断可以使用 OR 函数实现。

OR 函数也是 Excel 中经常使用的逻辑函数，它的语法结构如下。

OR(条件 1, 条件 2, …, 条件 *N*)

可见 OR 函数可以根据实际情况指定不同的条件作为参数，各个条件参数的顺序不影响判断结果。只要其中一个条件满足则说明条件成立，即返回逻辑值 TRUE；当所有条件都不满足时则条件不成立，即返回逻辑值 FALSE。

在本案例中，可以使用 AND 函数实现需要同时满足的“且”关系多条件逻辑判断，使用 OR 函数实现需要任意满足其一的“或”关系多条件逻辑判断。理清思路和确定方法后，在 E2 单元格写入如下公式：

=IF(OR(AND(C2="管理", D2＞=4.5), AND(C2＜＞"管理", D2＞=4＝)), "优秀", " ")

将公式向下填充，结果如图 2-35 所示。

规则 1 的双条件判断用“AND(C2="管理", D2＞=4.5)”表达，将其作为 OR 函数的第一参数；规则 2 的双条件判断用“AND(C2＜＞"管理", D2＞=4)”表达，将其作为 OR 函数的第二参数。利用 OR 函数对规则 1 和规则 2 的“或”关系进行判断，只要其中任意一条规则成立，则返回逻辑值 TRUE，两条都不成立则返回逻辑值 FALSE，然后将返回的逻辑值传递给 IF 函数作为第一参数，判断是否优秀。

这样就可以借助 AND 函数、OR 函数与 IF 函数嵌套，处理多条件的复杂逻辑判断问题。首先要捋顺思路，将多个条件拆分为不同层级；其次要确定方法，分清每个层级的多个条件之间是“且”关系还是“或”关系，确定用 AND 函数还是 OR 函数；再次是写公式计算结果；最后还要核查公式结果是否正确。以上是处理这类问题的完整思路和流程。

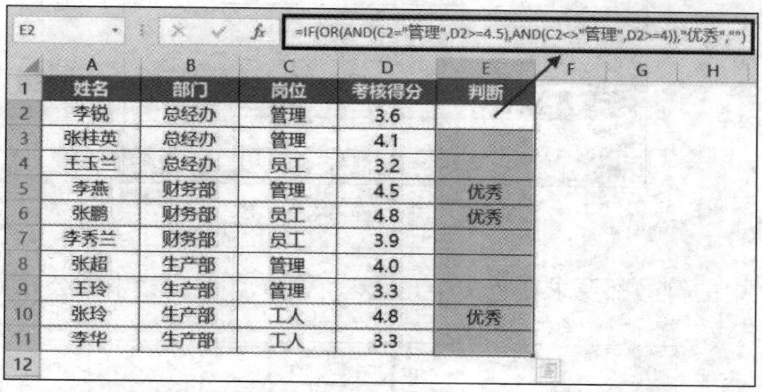

E2 =IF(OR(AND(C2="管理",D2>=4.5),AND(C2<>"管理",D2>=4)),"优秀","")

姓名	部门	岗位	考核得分	判断
李锐	总经办	管理	3.6	
张桂英	总经办	管理	4.1	
王玉兰	总经办	员工	3.2	
李燕	财务部	管理	4.5	优秀
张鹏	财务部	员工	4.8	优秀
李秀兰	财务部	员工	3.9	
张超	生产部	管理	4.0	
王玲	生产部	管理	3.3	
张玲	生产部	工人	4.8	优秀
李华	生产部	工人	3.3	

图 2-35 优秀判断结果

2．SUM 汇总函数

我们在工作中接触的数据很多都记录在 Excel 的不同工作表中，当需要把分散在各张工作表中的数据汇总时，很多人还在使用手动计算的方式，这样导致工作效率低下，且无法保证准确率。其实在 Excel 中可以借助 SUM 函数实现多表汇总，下面我们结合一个实际案例介绍具体方法。

某企业要求对全年的销售数据进行汇总，每个月的报表结构要相同、字段顺序要一致，如图 2-36 所示（以 1 月～12 月为例展示）。

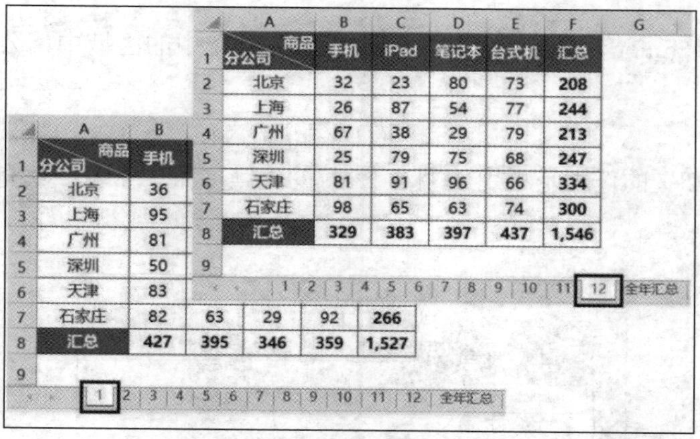

商品 分公司	手机	iPad	笔记本	台式机	汇总
北京	32	23	80	73	208
上海	26	87	54	77	244
广州	67	38	29	79	213
深圳	25	79	75	68	247
天津	81	91	96	66	334
石家庄	98	65	63	74	300
汇总	329	383	397	437	1,546

1 | 2 | 3 | 4 | 5 | 6 | 7 | 8 | 9 | 10 | 11 | 12 | 全年汇总

商品 分公司	手机				
北京	36				
上海	95				
广州	81				
深圳	50				
天津	83				
石家庄	82	63	29	92	266
汇总	427	395	346	359	1,527

1 | 2 | 3 | 4 | 5 | 6 | 7 | 8 | 9 | 10 | 11 | 12 | 全年汇总

图 2-36 1 月～12 月的销售数据汇总

要求将以上 12 张工作表的数据进行汇总，制作全年汇总表，如图 2-37 所示。

我们可以使用 SUM 函数汇总全年 12 张工作表的数据，操作步骤如下。

在“全年汇总”工作表中选中 B2:F8 单元格区域，在编辑栏输入以下公式：

=SUM('*'! B2)

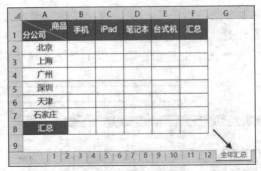

图 2-37　制作全年汇总表

注意：公式中的符号都要求在英文半角状态下输入。编辑栏中的公式如图 2-38 所示。

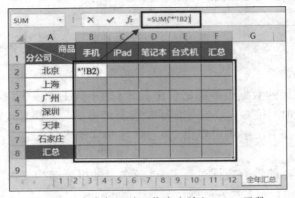

图 2-38　在全年汇总工作表中输入 SUM 函数

同时按"Ctrl+Enter"组合键，将公式批量填充到选中的区域中，公式会自动转换为以下形式：

$$=SUM('1:12' !B2)$$

公式中"'1:12'"的作用是引用 1 月～12 月的连续多张工作表，填充公式后的效果如图 2-39 所示。

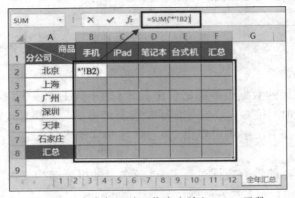

图 2-39　填充 SUM 函数后的效果

由于公式中的“B2”使用的是相对引用形式，所以随着公式向下、向右填充会自动引用对应位置的单元格，如图 2-40 所示，F8 单元格的公式如下：

=SUM('1:12' !F8)

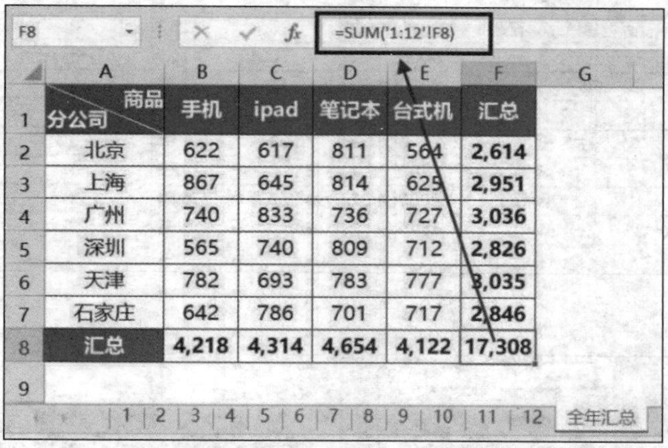

分公司 \ 商品	手机	ipad	笔记本	台式机	汇总
北京	622	617	811	564	2,614
上海	867	645	814	625	2,951
广州	740	833	736	727	3,036
深圳	565	740	809	712	2,826
天津	782	693	783	777	3,035
石家庄	642	786	701	717	2,846
汇总	4,218	4,314	4,654	4,122	17,308

图 2-40　F8 单元格中的数据及其公式

下面对公式“=SUM('*' !B2)”进行解析。

① SUM 函数支持跨工作表进行多表汇总。

② SUM 函数支持使用通配符，如公式中的“*”代表任意字符长度的工作表名称。

③ 公式中的“'*'”代表除当前工作表以外的其他工作表，两边的单引号“'”的作用是引用工作表名称。

④ 公式中的“!”是连接符，用于连接工作表名称和单元格引用。

⑤ 按“Ctrl+Enter”组合键输入，作用是将公式批量填充到选中区域的每一个单元格。

综上所述，该公式对除了当前工作表以外的其他工作表的引用位置的数据进行汇总，由于当前工作表是“全年汇总”，所以公式对另外 12 张工作表数据进行 SUM 汇总，一次性批量得到多表汇总结果。

3. VLOOKUP 查找与引用函数

VLOOKUP 函数是经典的查找与引用函数，由于它的语法结构简单易学，同时功能强大，所以被广泛应用。

某企业的工资表中共有 49 条记录，包含员工编号以及对应的其他各项信息，其中部分数据如图 2-41 所示。

企业要求按照指定的员工编号查询员工的应发工资，由于工作中需要查询的员工编号经常变动，所以需要使用 Excel 公式按条件实现自动查询。

将要查询的员工编号放置在 N2 单元格，在 O2 单元格输入如下公式：

=VLOOKUP(N2,$A$2:$L$50,12,0)

O2 单元格的结果可跟随查询条件自动更新，效果如图 2-42 所示。

员工编号	姓名	性别	部门	岗位	基本工资	奖金	补贴合计	加班费合计	病假扣款	事假扣款	应发工资
LR0001	李锐	男	总经办	管理	4000	1700	1700	428.52	0	0	7828.52
LR0002	王玉珍	女	总经办	管理	5000	2000	1500	297.6	71.43	0	8726.17
LR0003	张凤英	女	总经办	管理	4500	2200	1500	160.74	0	142.86	8217.88
LR0004	王红	女	财务部	管理	4000	1800	800	476.2	0	0	7076.2
LR0005	李凤芹	女	财务部	管理	3500	1600	600	416.6	0	0	6116.6
LR0006	杨洋	男	财务部	管理	3000	1300	500	416.6	27.78	0	5188.82
LR0007	李婷	女	生产部	工人	2800	1500	300	83.35	0	0	4683.35
LR0008	张俊	男	生产部	工人	2600	1200	876.55	133.27	0	0	4809.82
LR0009	王林	男	生产部	工人	2700	1000	764.83	711.94	0	0	5176.77
LR0010	陈英	女	生产部	工人	2500	800	218.21	282.9	0	0	3801.11
LR0011	陈军	男	生产部	工人	2900	1300	658.62	776.89	33	0	5602.51
LR0012	李建华	男	生产部	工人	2500	1100	438.42	963.89	0	0	5002.31

图 2-41　工资表（部分数据）

=VLOOKUP(N2,$A$2:$L$50,12,0)

员工编号	姓名	性别	部门	岗位	基本工资	奖金	补贴合计	加班费合计	病假扣款	事假扣款	应发工资
LR0001	李锐	男	总经办	管理	4000	1700	1700	428.52	0	0	7828.52
LR0002	王玉珍	女	总经办	管理	5000	2000	1500	297.6	71.43	0	8726.17
LR0003	张凤英	女	总经办	管理	4500	2200	1500	160.74	0	142.86	8217.88
LR0004	王红	女	财务部	管理	4000	1800	800	476.2	0	0	7076.2
LR0005	李凤芹	女	财务部	管理	3500	1600	600	416.6	0	0	6116.6
LR0006	杨洋	男	财务部	管理	3000	1300	500	416.6	27.78	0	5188.82
LR0007	李婷	女	生产部	工人	2800	1500	300	83.35	0	0	4683.35
LR0008	张俊	男	生产部	工人	2600	1200	876.55	133.27	0	0	4809.82
LR0009	王林	男	生产部	工人	2700	1000	764.83	711.94	0	0	5176.77
LR0010	陈英	女	生产部	工人	2500	800	218.21	282.9	0	0	3801.11
LR0011	陈军	男	生产部	工人	2900	1300	658.62	776.89	33	0	5602.51
LR0012	李建华	男	生产部	工人	2500	1100	438.42	963.89	0	0	5002.31
LR0013	陈浩	女	销售部	销售	2300	5000	689.41	436.85	0	0	8426.26
LR0014	张凯	男	销售部	销售	2200	4500	500.56	200.45	0	55	7346.01
LR0015	王晶	女	销售部	销售	2000	3800	114.38	343.81	0	0	6258.19

员工编号	应发工资
LR0005	6116.6

图 2-42　VLOOKUP 函数

这里使用的是 VLOOKUP 函数的精准查询功能。下面介绍 VLOOKUP 函数在此种用法下的语法结构。

VLOOKUP(查找值, 查找区域, 返回值在查找区域所处的列数, 0)

第一参数：查找值，即按什么条件查找。此案例要求按员工编号查询，所以第一参数为“N2”。

第二参数：查找区域，即在哪个区域中进行查询。要求查找区域中的最左列要包含第一参数的查找值，右侧列中要包含需要返回的数据。

第三参数：返回值在查找区域所处的列数，即公式要返回的结果在第二参数的查找区域中的第几列。

第四参数：精准查询用 0 或逻辑值 FALSE，模糊查询用非 0 或逻辑值 TRUE，如果第四参数省略不写也是模糊查询。

按照以上语法结构，我们对本案例中的公式分参数进行解析。

=VLOOKUP(N2,$A$2:$L$50,12,0)

第一参数：N2，此案例要求按员工编号查询，放置员工编号条件的单元格是 N2，所以为"N2"。

第二参数：$A$2:$L$50，此案例中的工资数据放置于 A2:L50 单元格区域，行号、列标前加"$"符号的作用是绝对引用该区域。该区域中最左列 A 列中包含要查找的查找值，区域中的 L 列包含要返回的应发工资数据。

第三参数：由于要返回的应发工资数据位于 L 列，L 列在第二参数的查找区域 $A$2:$L$50 中是第 12 列，所以第三参数为"12"。

第四参数：这里要求按照员工编号精准查询应发工资，所以为"0"。

这样就实现了在同一工作表中，按照条件进行精准数据查询。VLOOKUP 函数不但可以在当前工作表查询，还支持跨工作表查询。

2.1.3 常见 Excel 图表

1. 查看数据趋势——折线图

折线图是用直线段将各数据点连接起来而组成的图形，以折线方式显示数据随时间变化的趋势。在时序数据可视化中，折线图沿水平轴（x 轴）均匀分布的是时间，沿垂直轴（y 轴）均匀分布的是该时刻对应的数据值。当需要展示数据随时间变化趋势时可以采用折线图进行表达。例如人口增长趋势、书籍销售量变化、粉丝增长情况等。折线图的基本框架如图 2-43 所示。

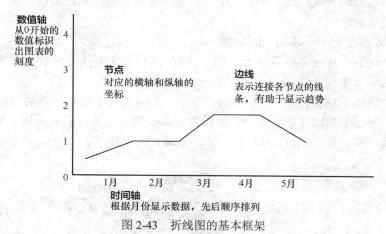

图 2-43 折线图的基本框架

2. 查看数据对比——柱形图

数据对比是工作中经常用到的数据分析方法。柱形图又称柱状图、条形图，是以宽度相等的条形高度或长度的差异来显示统计指标数值多少或大小的一种图形。柱形图简明、醒目，是一种常用的统计图形。柱形图的基本框架如图 2-44 所示。

柱形图一般用于显示一段时间内的数据变化或显示各项之间的比较情况。另外，数值的体现就是柱形的高度。柱形越矮数值越小，柱形越高数值越大。还有柱形的宽度与相邻柱形间的间距决定了整个柱形图的视觉效果是否美观。如果柱形的宽度小于间距，则会让读者在看图时注意力只集中在空白处而忽略了数据，所以合理地选择宽度很重要。

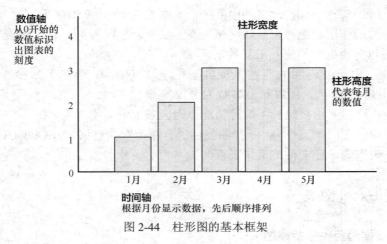

图 2-44　柱形图的基本框架

Excel 中的柱形图和条形图都可以用来对比数据，但是由于两种图形随数据系列增加的延伸方向不同（柱形图横向延伸，条形图纵向延伸），因此我们在实际工作中要根据具体情况选择和使用。当数据系列有很多或系列名称较长时，推荐使用条形图，这样便于更多数据的纵向展开和系列名称的全部显示。

除了数据趋势和数据对比分析，工作中还会经常遇到数据占比分析，我们应该使用什么样的图表实现呢？

3. 查看数据占比——饼图、圆环图

饼图以环状方式呈现各分量在整体中的比例。这种分块方式是环状树图等可视化表达的基础。饼图常用于统计学模型。

饼图的原理很简单。如图 2-45 所示，首先一个圆代表了整体，然后把它们切成楔形（扇区分块），每一个楔形（扇区分块）都代表整体中的一部分。所有楔形（扇区分块）所占百分比的总和应该等于 100%，如果不等，那就表明出错了。

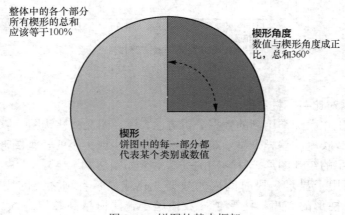

图 2-45　饼图的基本框架

当需要计算某个总量的各个组成部分的构成比例时，一般可通过各个部分与总量相除来计算。这种比例表示方法很抽象。我们可以使用饼图，形象直观地显示各个组成部分所占比例。

有些人不喜欢使用饼图，因为它不擅于对数据进行精确表示，所以他们认为饼图对数据可视化没有很好的效果。确实，饼图没有体现精确的数据，但是饼图可以呈现各部分在整体中的比例，能够体现部分与整体之间的关系。如果我们抓住饼图的这一优点，良好地组织数据，饼图对于数据的可视化还是非常有帮助的。

有一个跟饼图非常相似的图形叫作环形图，只是环形图中间有一个洞，如图 2-46所示。

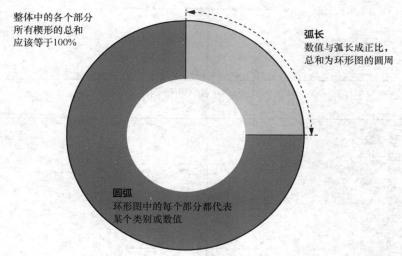

图 2-46　环形图的基本框架

因为环形图中间有一个洞，所以我们就不能再通过角度来衡量比例的大小，我们可以通过各个弧形的长度来衡量。如果在一个图表中包含过多类别，就会造成图表杂乱，如果类别较少，环形图则很好用。

🎣 实训操作 🎣　制作 Excel 可视化图表：全天各时段的下单趋势变化情况

下面我们介绍创建 Excel 折线图并将其完善成为 Excel 商务图表的具体操作步骤。

选中图表数据源中的任意位置（如 A1 单元格），插入折线图，操作步骤如图 2-47所示。

此案例中图表数据源是不包含空行空列的规范表格，因此 Excel 将自动按照连续的数据区域（即 A1:B25 单元格区域）创建折线图，效果如图 2-48 所示。

图 2-48 中出现的两条折线分别代表时间和下单数，我们仅需展示各时段下单数的变动趋势即可，所以可以删除代表时间的数据系列。删除方法很简单，单击对应的折线，然后按 "Delete" 键将其删除，效果如图 2-49 所示。

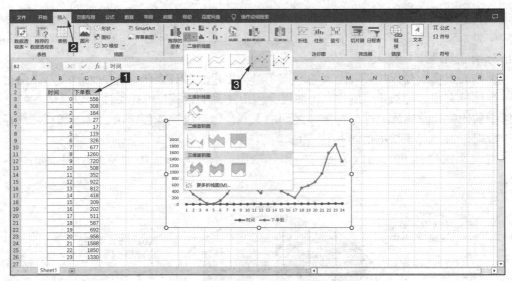

图 2-47　插入折线图

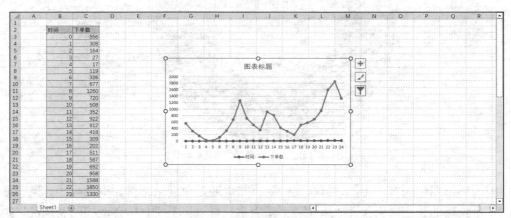

图 2-48　折线图效果

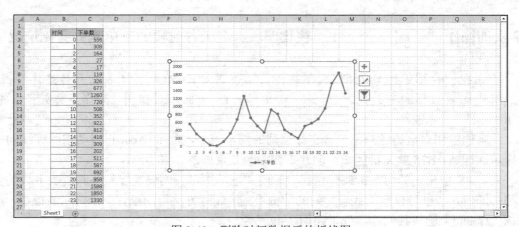

图 2-49　删除时间数据后的折线图

这样通过 Excel 创建出来的默认折线图仅算是一张普通的图表，毫无商务图表的专业气息，下面我们通过一系列操作步骤对其进行规范和美化。

首先设置折线图的颜色。双击折线图的线条或选中折线图后按"Ctrl+1"组合键，弹出"设置数据系列格式"窗口，操作步骤如图 2-50 所示。

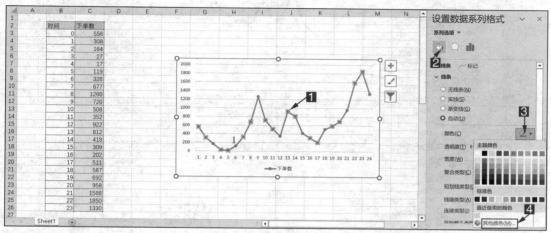

图 2-50　设置折线图的颜色

弹出"颜色"对话框，设置自定义颜色的 RGB 数值，如图 2-51 所示。

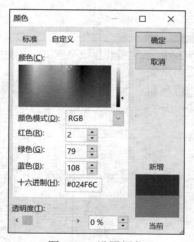

图 2-51　设置颜色

设置好折线图颜色后，为了让用户更清晰地查看变动趋势，继续调整折线图的线条粗细，操作步骤如图 2-52 所示。

设置好折线图的颜色和线条粗细后，为了更好地突出展示折线图中的每个时间拐点的数据变动，我们要对标记选项进行设置。先设置标记类型和填充效果，如图 2-53 所示。

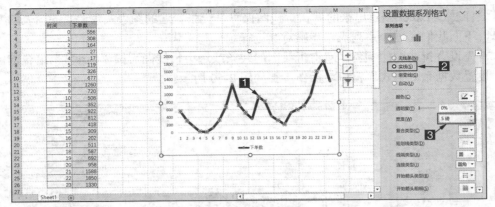

图 2-52　调整折线宽度

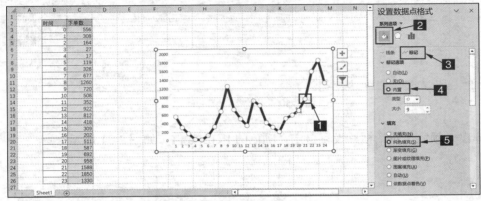

图 2-53　设置折线标记类型和填充效果

接下来设置边框颜色和边框粗细，如图 2-54 所示。其中边框颜色要与折线的颜色一致，自定义颜色的 RGB 值为 2、79、108。

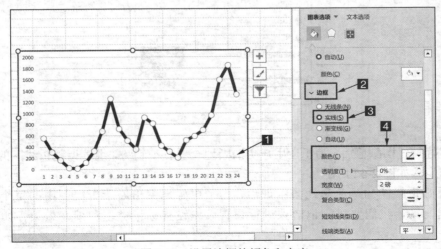

图 2-54　设置边框的颜色和宽度

接下来设置图表的背景色。双击图表外边框，或选中整个图表后按"Ctrl+1"组合键，即可弹出"设置图表区格式"窗格，设置图表背景填充颜色的 RGB 值为 219、230、235，操作步骤如图 2-55 所示。

接下来美化图表的网格线。双击网格线或选中网格线后按"Ctrl+1"组合键，弹出"设置主要网格线格式"窗格，然后按照图 2-56 所示步骤操作。

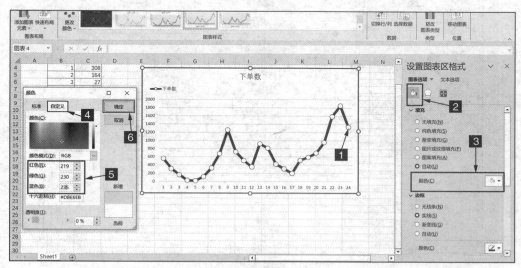

图 2-55　设置图表背景色

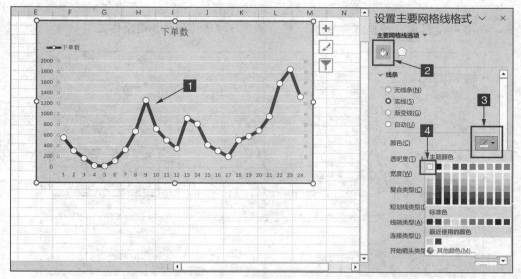

图 2-56　美化图表的网络线

这样就设置好了图表的主体区域和必要的图表元素，要想让图表显得更加专业，还需要进一步对图表进行细节的修饰和美化，具体如下。

当前案例中，折线图中的某些数据点距离坐标轴较远，导致用户在读图时需要向下移动视线到坐标轴以确定所属时段。为了避免这种麻烦，给用户更好的视觉感受，我们可以为图表添加垂直线，操作步骤如图 2-57 所示。

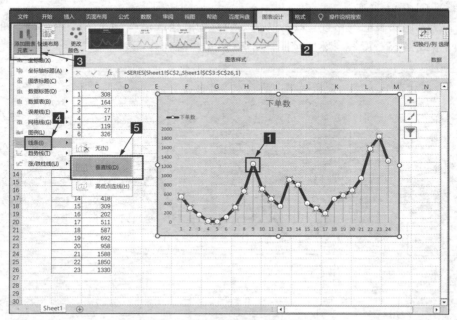

图 2-57　为图表添加垂直线

添加垂直线后，再对其进行美化设置。双击垂直线，或选中垂直线后按"Ctrl+1"组合键，弹出"设置垂直线格式"窗格，然后按照图 2-58 所示步骤操作。

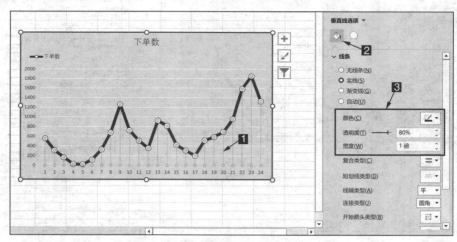

图 2-58　美化图表的垂直线

接下来修改图表标题。可以直接修改默认的图表标题，也可以将其删除，使用自定义添加图表标题的方法。由于后者设置起来更加灵活、方便，所以我们选中图表标题，如图 2-59 所示，并将其删除。

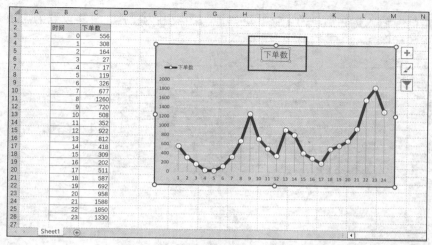

图 2-59　修改图表标题

为了让折线图上的数据标记与坐标轴的刻度对齐,我们可双击图表坐标轴进行设置,操作步骤如图 2-60 所示。

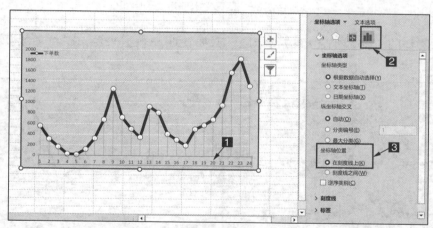

图 2-60　设置坐标轴

为了让图表清晰、直观地表达主题,我们要把主要的制图目的和要表达的观点浓缩为图表标题,明确图表的展示作用和商务目的,让人一目了然。我们已经删除了图表的默认标题,因此要插入文本框自定义图表标题,操作步骤如图 2-61 所示。

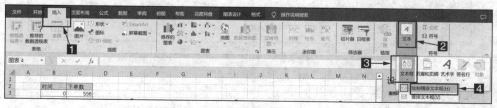

图 2-61　设置文本框自定义标题

在文本框中输入标题后，为了让其更好地与图表融为一体，将其设置为无填充、无线条，操作步骤如图 2-62 所示。

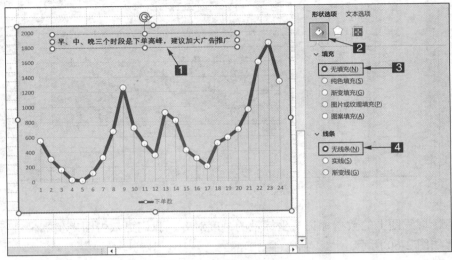

图 2-62　设置文本框格式

使用同样的方法添加图表的副标题、必要说明和数据来源，最终效果如图 2-63 所示。

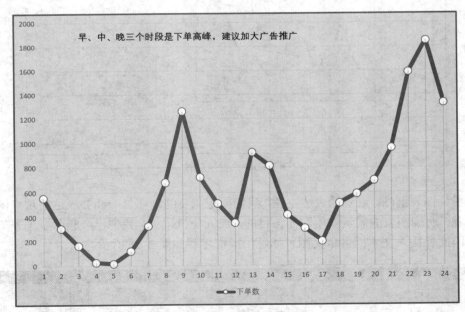

图 2-63　图表最终效果

至此，这张展示数据变动趋势的商务图表就制作完成。它不但能够清晰展示数据变动趋势，而且对业务目的给出明确建议，数据分析直击主题，非常实用。

2.2 Excel 数据可视化的应用

🍂导读案例🍂　数据透视表，海量数据汇总不用愁

当今社会已经步入信息时代，人们在职场中接触的数据量越来越大，Excel 报表中容纳的数据经常会有成千上万条，甚至几十万条，与此同时，面对日益激烈的市场竞争和不断精细化的业务需求，人们对数据统计分析的要求也不断提高。

数据透视表是 Excel 中一个强大的数据处理和统计分析工具，可以实现海量数据的快速分类汇总和统计分析。其不但功能强大，而且操作简单，仅需用鼠标进行相关操作即可满足大部分需求。

某企业 2020 年所有分店、产品、渠道分类的销售明细记录表中共包含 10000 条记录，放置在"数据源"工作表中，如图 2-64 所示。企业要求根据数据源中的销售明细记录，按照分店和渠道分类两个维度对销售金额进行分类汇总，如图 2-65 所示。

	A	B	C	D	E	F	G
1	序号	日期	分店	产品	分类	金额	店员
2	1	2020/1/1	和平路店	鱼油	代理	54	王大壮
3	2	2020/1/1	和平路店	眼霜	批发	38	周玉芝
4	3	2020/1/1	南京路店	护发素	批发	83	张萍萍
5	4	2020/1/1	新华路店	唇膏	代理	53	宋薇
6	5	2020/1/1	南京路店	眼霜	批发	42	李小萌
7	6	2020/1/1	新华路店	鱼油	代理	35	高平
						44	

共包含10000条记录，此示意省略中间若干

9996	9995			批发			郑建国
9997	9996	2020/12/31	新华路店	眼霜	批发	12	宋薇
9998	9997	2020/12/31	新华路店	唇膏	批发	41	郑建国
9999	9998	2020/12/31	护发素	护发素	代理	27	高平
10000	9999	2020/12/31	南京路店	护发素	批发	23	张萍萍
10001	10000	2020/12/31	和平路店	染发膏	代理	49	周玉芝
10002							

数据源　案例1　案例2　案例3　⊕

图 2-64　"数据源"工作表

分店	代理	零售	批发	总计
和平路店	55271	53650	54931	163852
南京路店	55650	55160	57939	168749
新华路店	56453	54664	56233	167350
总计	167374	163474	169103	499951

图 2-65　汇总表

📖知识准备 📖　Excel 数据透视表

2.2.1　什么是数据透视表

数据透视表是一种可以快速汇总、分析大量数据表格的交互式分析工具。使用数据透视表可以按照数据表格的不同字段从多个角度进行透视，并遍历交叉表格，用以查看数据表格不同层面的汇总信息、分析结果以及摘要数据。

使用数据透视表可以深入分析数值数据，以帮助用户发现关键数据，并做出针对性决策。

2.2.2　数据源

1. 什么是数据源？

这里的数据源是指用于创建数据透视表的数据来源，可以是 Excel 的数据列表、其他数据的透视表，也可以是外部的数据源。

2. 数据源的原则

数据源的原则如下。

① 每列数据的第一行包含该列的标题。

② 数据源中不能包含空行和空列。

③ 数据源中不能包含空单元格。

④ 数据源中不能包含合并单元格。

⑤ 数据源中不能包含同类字段（既能当标题也能当数据内容）。

2.2.3　数据透视表的基本术语和四大区域

1. 基本术语

字段：数据源中的列称为"字段"，每个字段代表一类数据。字段可分为报表筛选字段、列字段、值字段。

项：项是每个字段中包含的数据，表示数据源中字段的唯一条目。

2. 四大区域

四大区域包括行区域、列区域、值区域、报表筛选区域。

📖实训操作 📖　**利用数据透视表实现数据图表的分析功能**

本章案例导读中的需求可以利用数据透视表快速实现，具体操作步骤如下。

选中数据源中的任意单元格（如 B2 单元格），创建数据透视表，操作步骤如图 2-66 所示。

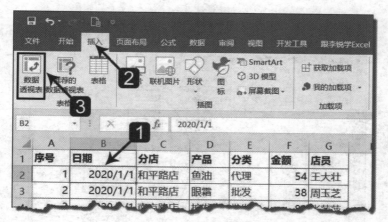

图 2-66　创建透视表

弹出"创建数据透视表"对话框，选择数据源区域以及数据透视表的放置位置，操作步骤如图 2-67 所示。

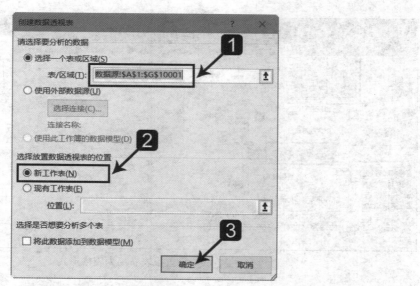

图 2-67　选择透视表的数据源和放置位置

弹出"数据透视表字段"窗格，选中字段并将其拖曳到指定的透视表区域内，即可得到分类汇总结果，如图 2-68 所示。

为了将 A4 单元格的"行标签"显示为具有实际含义的字段名称，我们将数据透视表的报表布局设置为"表格形式"，操作步骤如图 2-69 所示。

经过简单的鼠标拖曳操作，即可从一万条数据中轻松得到想要的分类汇总结果，效果如图 2-70 所示。"数据透视表工具"选项卡是 Excel 中的上下文选项卡，需要选中数据透视表的任意位置才会出现，如果选中的是空白单元格则该选项卡会在功能区中自动隐藏。

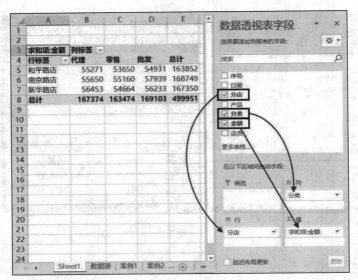

图 2-68　分类汇总结果

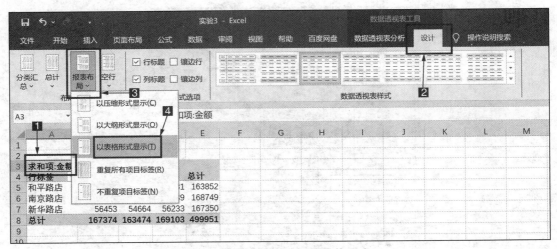

图 2-69　设置报表布局为表格形式

	A	B	C	D	E	F
1						
2						
3	求和项:金额	分类 ▼				
4	分店 ▼	代理	零售	批发	总计	
5	和平路店	55271	53650	54931	163852	
6	南京路店	55650	55160	57939	168749	
7	新华路店	56453	54664	56233	167350	
8	总计	167374	163474	169103	499951	
9						

图 2-70　透视表效果

数据透视表不但可以按照条件对海量数据进行快速分类汇总,而且可以根据用户需求快速调整报表布局和统计分析维度。

如领导要求按照产品和渠道分类两个维度对销售金额进行分类汇总,则仅需调整数据透视表的字段布局,将数据透视表行区域中的"分店"换成"产品",即可将工作表中的数据透视表结果同步更新,如图 2-71 所示。

图 2-71　调整透视表的字段布局

若再次添加新的要求,例如要对全年销售记录按照渠道分类、分店、产品 3 个维度进行分类汇总,仅需调整数据透视表的字段布局,在数据透视表行区域放置"分类"和"分店"字段,在数据透视表列区域放置"产品"字段,即可将工作表中的数据透视表结果同步更新,如图 2-72 所示。

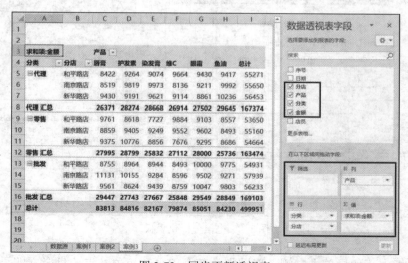

图 2-72　同步更新透视表

可见,对于复杂的多维度分类汇总需求,用数据透视表可以在较短时间内轻松满足。

第3章 数据可视化设计

📖 导读案例 📖 电信分析

本案例通过收集某地电信数据，对宽带网络进行分析，以评估当前的性能。电信分析仪表板如图 3-1 所示。

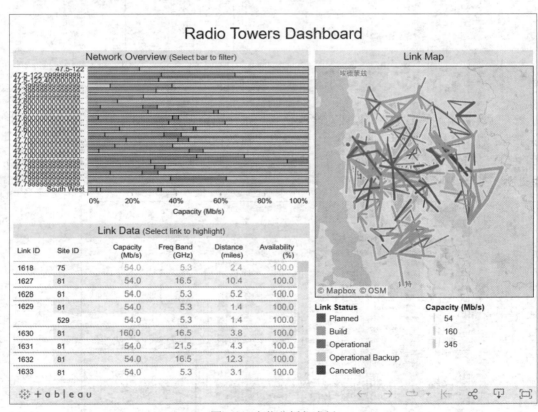

图 3-1 电信分析仪表板

在仪表板中，如果单击左侧条形图中的某个部分，相关站点信息会立即显示在 Link Map 和下面的详细列表中。无须按站点创建数百份单独的报告，就可以在同一个紧凑且功能强大的电信分析仪表板中实时评估整个网络。

知识准备 数据可视化设计方法

数据可视化的主要目的是准确地为用户展示和传达数据所包含（隐藏）的信息。实现数据可视化，必须掌握相应的可视化设计原则和方法。

3.1 数据可视化设计原则

1．数据筛选

可视化展示的信息要适度，以保证用户获取信息的效率。若展示的信息过少，会使用户无法很好地理解信息；若展示的信息过多，会造成用户的思维混乱，甚至会导致用户错失重要信息。要做到展示的信息适度，一种做法是向用户提供对数据进行筛选的操作，让用户选择显示数据的哪一部分，其他数据在需要的时候才显示；另一种做法是使用多视图或多显示器，使数据依据相关性分别显示。

2．数据到可视化的直观映射原则

在设计数据到可视化的映射时，设计者不仅要明确数据语义，还要了解用户的个性特征。如果设计者能够在做可视化设计时预测用户使用可视化结果时的行为和期望，就可以提高可视化设计的可用性和功能性，这样有助于帮助用户理解可视化结果。设计者利用已有的先验知识可以提高用户对信息的感知和减少认知所需的时间。

数据到可视化的映射还要求设计者使用正确的视觉通道去编码数据信息。例如，对于类别型数据，务必使用分类型视觉通道进行编码；对于有序型数据，则需要使用定序型视觉通道进行编码。

3．视图选择与交互设计原则

优秀的可视化展示优先使用人们认可且熟悉的视图设计方式。简单的数据可以使用基本的可视化视图，复杂的数据则需使用或开发新的、较为复杂的可视化视图。此外，优秀的可视化系统还应该提供一系列的交互手段，使用户可以按照所需的展示方式修改视图展示结果。

视图的交互包括以下内容：

（1）视图的滚动与缩放；

（2）颜色映射方式的控制，如提供调色盘让用户控制颜色；

（3）数据映射方式的控制，让用户可以使用不同的数据映射方式展示同一数据；

（4）数据选择工具，让用户可以选择最终可视化的数据内容；

（5）细节控制，让用户可以隐藏或突出数据的细节部分。

4．美学原则

可视化设计者在完成可视化的基本功能后，需要对其表达形式（可视化的美学）进行设计。有美感的可视化设计会更加吸引用户的注意，促使其进行更深入的探索。因此，优秀的可视化设计必然是功能与形式的完美结合。在可视化设计中主要有以下 3 个原则可以提高美感。

（1）简单原则：指设计者应尽量避免在可视化制作中使用过多的元素制造复杂的效果，找到可视化的美学效果与所表达的信息量之间的平衡。

（2）平衡原则：为了有效地利用显示空间，可视化的主要元素应尽量放在显示空间的中心位置或中心附近，并且元素在显示空间中应尽量平衡分布。

（3）聚焦原则：设计者应该通过适当手段将用户的注意力集中到可视化结果中最重要的区域。例如，设计者通常将可视化元素依据重要性排序后，对重要元素通过突出的颜色进行编码展示，以提高用户对这些元素的关注度。

5．隐喻运用原则

用一种事物理解和表达另一种事物的方法称为隐喻。隐喻作为一种认知方式，参与人对外界的认知过程。与普通认知不同，人们在进行隐喻认知时需要先根据现有信息与以往经验寻找相似记忆，并建立映射关系，再进行认知、推理等信息加工。解码隐喻内容，才能真正了解信息传递的内容。

可视化过程本身就是一个将信息隐喻化的过程。设计师对信息进行转换、抽象和整合，用图形、图像、动画等方式重新编码来表示信息内容，然后展示给用户。用户在看到可视化结果后进行隐喻认知，并最终了解信息内涵。信息可视化的过程是隐喻编码的过程，而用户读懂信息的过程则是运用隐喻认知解码的过程。隐喻的设计包含隐喻本体、隐喻喻体和可视化变量3个层面。选取合适的本体和喻体，就能创造好的可视化和交互效果。

6．颜色与透明度选择原则

颜色在数据可视化领域通常被用于编码数据的分类属性或定序属性。有时，为了便于用户在观察和探索数据可视化时从整体进行把握，可以给颜色增加一个表示不透明度的分量通道，用于表示离观察者更近的颜色对背景颜色的透过程度。该通道可以有多种取值，当取值为 1 时，表示颜色是不透明的；当取值为 0 时，表示颜色是完全透明的；当取值为 0～1 时，表示该颜色可以透过一部分背景颜色，从而实现当前颜色和背景颜色的混合，创造出可视化的上下文效果。

颜色混合效果可以为可视化视图提供上下文信息，方便观察者对数据全局进行把握。例如，在可视化交互中，当用户通过交互方式移动一个标记而未将其就位时，颜色混合所产生的半透明效果可以使用户产生非常直观的操作感知，从而提高用户的交互体验。但有时颜色的色调视觉通道在编码分类数据上会失效，所以在可视化设计中应当慎用颜色混合。

3.2 数据可视化设计方法

1．区域空间可视化

当指标数据的主体与区域相关时，一般选择地图作为背景。这样，用户可以直观地了解整体的数据情况，也可以根据地理位置快速定位某个区域，并查看详细的数据。

2．颜色可视化

用颜色的深度表示索引值的强度和大小，是数据可视化设计的常用方法。这样可以一目了然地看到哪个部分的指标数据值更突出。

3．图形可视化

在设计指标和数据时，使用具有相应实际意义的图形来组合表示可以让数据图表更加生动，用户也更容易理解图表所表达的主题。图 3-2 展示的是温度分布图。

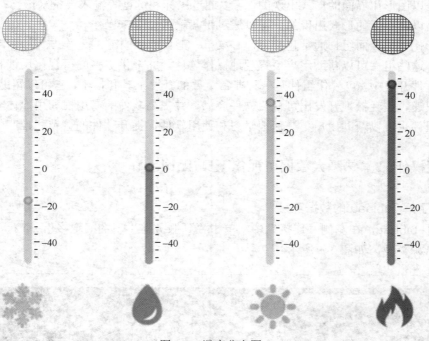

图 3-2　温度分布图

4．面积及尺寸可视化

面积及尺寸可视化是指区分同类型图形的长度、高度或面积，以明确表示不同指标对应的索引值之间的对比。这种方法可以让用户更直观地看到数据之间的比较。

5．抽象概念可视化

这种方法是通过将抽象的指标数据转化为熟悉的、易于感知的数据，让用户更容易理解图形的含义。

例如，在解释什么是非结构化数据时，将结构化数据比作海上冰山露出海面的部分，非结构化数据比作隐藏在海面下的冰山部分。因为露出海面的冰山部分只是冰山的一角，海面下的部分才是冰山的绝大部分。这样的对比用于描述非结构化数据的特征，是非常生动的，也更容易让人理解未知和困难的概念。

3.3　数据可视化组件

可视化组件是指一种可以被用户直接使用和操作的软件组件，它通常以图形化界面的形式出现，可以通过鼠标和键盘等输入设备来操作。可视化组件通常用于实现某种特定的功能或用途，并提供了一些可视化的控件和输入/输出设备，让用户可以通过这些组件直接完成相关的操作。

可视化组件通常分为两类，即图形化用户界面组件和命令行界面组件。图形化用户界面组件是以图形化界面的形式出现的，可以通过鼠标和键盘等输入设备来操作；命令行界面组件是以命令行的形式出现的，可以通过键盘输入命令来操作。

图形化用户界面组件通常包括窗口、菜单、工具栏、按钮、复选框、选项卡、格式化控件等。这些组件可以帮助用户更直观地操作软件，并提供更多的可视化反馈和提示。

在软件开发中，可视化组件是一种非常重要的开发工具和技术，它可以帮助软件开发人员更快速、更轻松地开发出可视化软件产品，并提高软件的易用性和用户体验。同时，可视化组件也可以帮助用户更快速地学习和使用软件，提升软件的普及和推广效果。

实训操作　熟悉大数据可视化工具 Tableau

1. 了解 Tableau 的数据连接

打开 Tableau，在左侧"连接"中，单击"到服务器"下的"更多"，查看 Tableau 支持的数据源类型，如图 3-3 所示。

图 3-3　Tableau 支持的数据源类型

2. 获取数据

单击"已保存数据源"下的"世界发展指标"，进入图 3-4 所示的工作表页面。

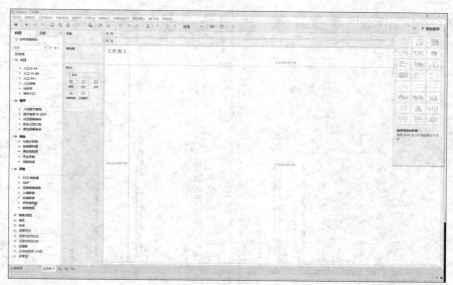

图 3-4　工作表页面

3. 绘制图形

在左侧数据栏中拖动"国家/地区"到字段列中，拖动"人均医疗费用"到字段行中，如图 3-5 所示。对字段行更改度量方式，由总和更改为平均值，如图 3-6 所示，单击"总和（人均医疗费用）"下拉三角，将鼠标光标移动到度量，选择平均值即可。要过滤人均医疗费用中的缺失值，只需要单击"总和（人均医疗费用）"下拉三角，单击筛选器，单击特殊值，再单击"非 Null 值（O）"，最后按"确定"按钮，如图 3-7 所示。拖动地区到筛选器，如图 3-8 所示，单击"全部"，然后单击"确定"按钮。在筛选器中，单击"地区"下拉三角，单击显示筛选器，如图 3-9 所示。在右侧筛选器中选择"亚洲"，结果如图 3-10 所示。

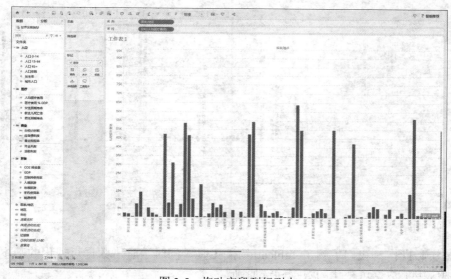

图 3-5　拖动字段到行列中

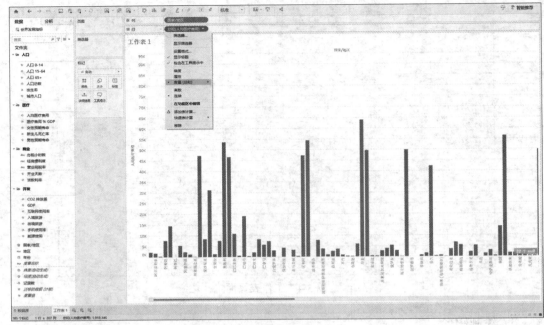

图 3-6　更改总和为平均值

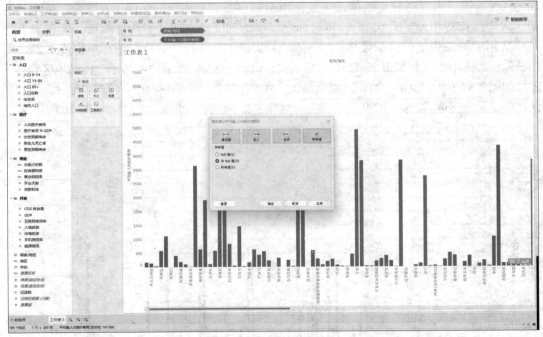

图 3-7　筛选非空缺值

通过实际操作，我们了解了 Tableau 绘图工具，同时了解了数据可视化的基本流程，并在其中应用了数据可视化的数据筛选原则。

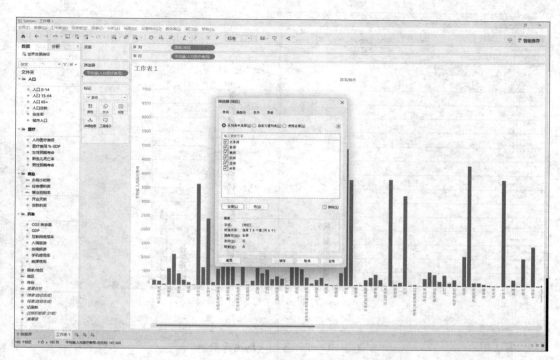

图 3-8 拖动地区到筛选器

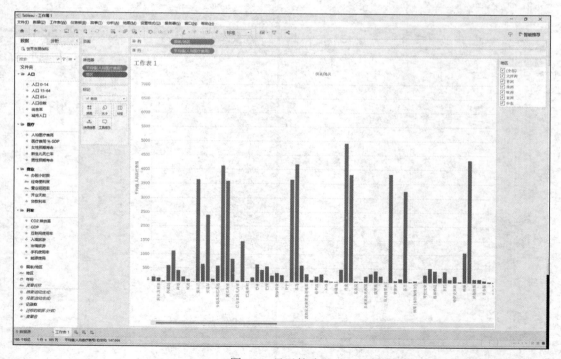

图 3-9 显示筛选器

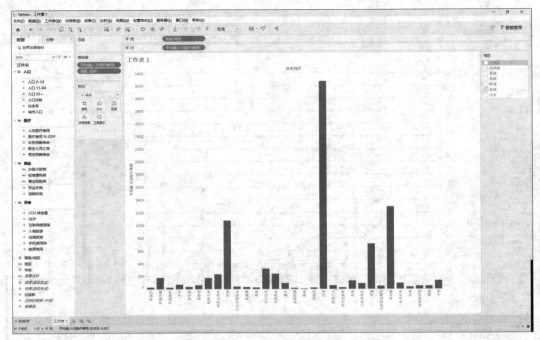

图 3-10　亚洲各国人均医疗费用

第 4 章　Tableau 入门

🌀 **导读案例** 🌀 Tableau 助力一汽–大众升级管理、提升效率

在数字化转型浪潮下，以汽车企业为代表的传统行业正面临日新月异的行业变革。汽车企业在运营和管理中产生了大量数据，但汽车企业普遍依据传统模式运行，对数据的使用和发掘不足，数据资产未能参与到企业的业务转化中。在这一背景下，如何从数据中挖掘有效信息并赋能企业业务增值，是一汽–大众持续保有核心竞争力的重要议题。

一汽–大众于 2015 年引入 Tableau，并从 2018 年起集中加速部署和管理使用。

Tableau 应用集中在一汽–大众旗下的奥迪、大众、捷达 3 个品牌的销售领域，实现日常工作中报表可视化。员工使用 Tableau 对日常的销售数据进行分析，了解月度与季度的销售情况，这样可以提高销售量，实现降本增效。使用 Tableau 之前，公司 90%的员工使用传统方法分析数据，重复操作多、目视效果差、分析效率难以提升。以培训过程数据分析为例，需要两名员工花费一周时间才能完成。使用 Tableau 进行数据分析后，可以节省一名员工 2～3 天的工作量，工作用时比以往减少了 50%。

奥迪索赔团队在分析海量数据时单次需要 8 个人使用长达 8 周时间才能完成。2020年，奥迪索赔团队使用 Tableau 对经销商和零件故障两个领域共计 13 个维度进行了数据分析。Tableau 的分析促使企业的调整措施提前，为控制成本贡献了上千万元。同时，奥迪索赔团队利用 Tableau 构建敏捷分析体系，每周节约分析时间约 4 小时，更能够通过数据分析对索赔业务作出预判，防患于未然，为用户提供更优质的服务。

🌀 **知识准备** 🌀　大数据可视化应用软件 Tableau 入门

4.1 Tableau 概述

Tableau 是一款数据分析工具，它可以帮助用户快速地分析、可视化和分享数据。Tableau提供了多种数据源的连接，包括 Excel 文件、数据库、API 等，用户可以通过简单的拖放操作创建数据源和数据表，并通过各种图表和仪表板来展示数据。同时，Tableau 还提供了丰富的数据分析和可视化功能，如筛选器、交叉筛选器、计算字段、动态聚合等，让用户可

以更加灵活地分析数据和制定决策。此外，Tableau 还支持多种数据可视化方式，如柱形图、折线图、饼图、地图等，让用户可以更加直观地展示数据和吸引观众的注意力。总的来说，Tableau 是一款功能强大、易于使用的数据分析工具，适用于各种行业和领域的用户。

4.2 Tableau 的特点

Tableau 有六大特点，如图 4-1 所示，下面我们对其中的几个特点进行具体介绍。

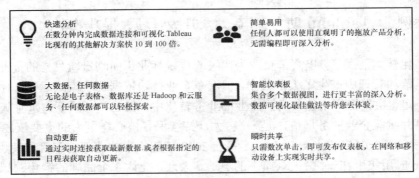

图 4-1 Tableau 的六大特点

1．大数据，任何数据（指支持多种数据源类型）

如图 4-2 所示，Tableau 支持多种数据源类型，如支持 Microsoft Excel 文件、文本文件、JSON 文件，以及数据库和云服务等。数据库除了支持 MySQL 这类主流数据库，还支持其他类型的数据库。

图 4-2 Tableau 支持的数据源类型

2．简单易用

使用 Tableau 进行数据分析无须复杂的编程操作，甚至可以直接通过拖放字段来进行分析或可视化操作。下面以 Tableau 软件自带的世界发展指标数据集为例，单击数据集进入图 4-3 所示的界面。假设需要直观地查看各个国家/地区的城市人口数，在左侧数据栏选择字段，将"国家/地区"字段拖入行，将"城市人口"字段拖入列，如图 4-4 所示，在界面右上方"智能推荐"处选择合适的可视化图表类型，如选择条形图，此时会生成图 4-3 所示的国家／地区的城市人口数的条形图。

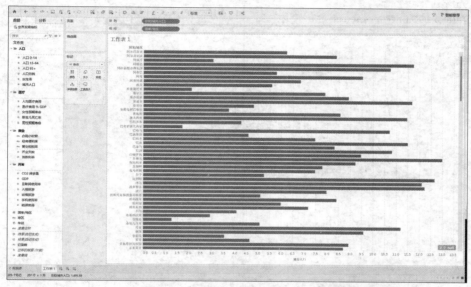

图 4-3　Tableau 简单易用的实例

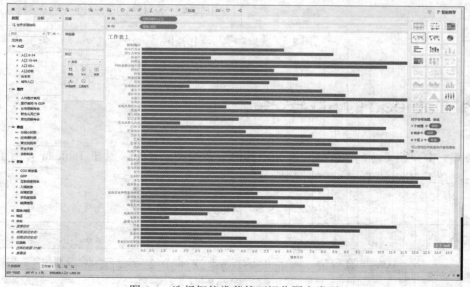

图 4-4　选择智能推荐的可视化图表类型

3．智能仪表板与瞬时共享

仪表板是为进行数据分析创建的可视化组件展示面板，即在面板上嵌入多个可视化的结果并且设置页面之间的交互关系，集合多个数据视图以进行更深入的数据分析。图 4-5 所示为 Tableau 官网首页的企业绩效可视化案例，案例中的可视化仪表板将 100 家企业的增长明细表与直观反映各个企业增长趋势的折线图整合在一起，并且设置了交互栏，通过与仪表板交互可以选择增长组以筛选和查看某些特定企业，或者选择细分市场以查看各个企业在特定市场领域的增长情况。

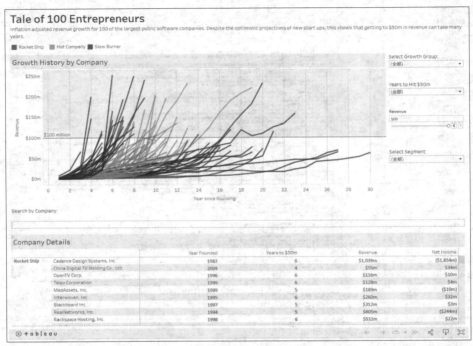

图 4-5　企业绩效可视化案例

4.3　Tableau 的下载与安装

表 4-1 中介绍了 3 种 Tableau 产品，其他更多的产品介绍可以在 Tableau 官网了解，本书主要介绍 Tableau Desktop 的使用。

表 4-1　3 种 Tableau 产品介绍

产品	描述
Tableau Public	一款免费的服务产品，适合所有想要在 Web（World Wide Web，万维网）上讲述交互式数据故事的人。可以将创建的视图发布在 Tableau Public 上，并将其分享在网页、博客或社交媒体上

续表

产品	描述
Tableau Desktop	一款桌面系统商业智能工具软件,可以帮助任何人快速分析、可视化并分享信息
Tableau Server	一款商业分析服务器软件,可以托管仪表板、报告和数据源,并通过 Web 进行分享

如图 4-6 所示,可以在 Tableau 官网首页单击"立即试用"按钮进行 Tableau 的下载与安装,输入电子邮箱可以获得免费试用版。如果选择购买激活,有个人版与团队版可供选择。

图 4-6   Tableau 官网首页

关于运行 Tableau 的系统要求,以 Windows 操作系统为例,Tableau 要求 Windows 7 或更高版本。Tableau 的产品能在虚拟环境中运行,支持 VMware、Citrix、Hyper-V 和 Parallels 等虚拟机环境。Tableau 系列产品支持 Unicode 编码,并兼容任何语言存储的数据。

4.4 使用 Tableau Desktop 连接数据

在 Tableau Desktop 主界面左侧的"连接"下面(如图 4-7 所示),用户可以连接到存储在文件(如 Microsoft Excel 文件、文本文件、PDF 文件、空间文件等)中的数据;连接到存储在服务器(如 Microsoft SQL Server、MySQL、Oracle 等)上的数据;连接到已保存的数据源。

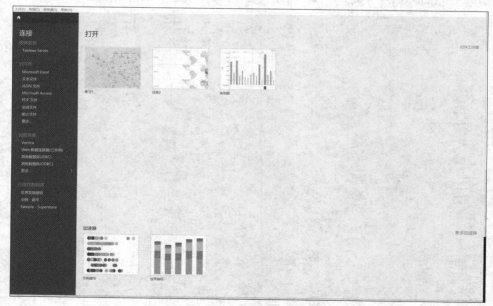

图 4-7   Tableau Desktop 主界面

Tableau 支持连接到存储在各个地方的各种数据源。"连接"窗格列出了用户可能想要连接到的数据源，或者单击"更多"以查看更多选项。

① 在"打开"下面，用户可以打开已经创建的工作簿。

② 在"加速器"下面，用户可以查看 Tableau Desktop 附带的示例仪表板和工作簿。

Tableau 附带 Sample-Superstore 数据集。它包含有关 Product、Sales（销售额）、Profit（利润）等信息。在"连接"窗格中的已保存数据源下，单击 Sample-Superstore 连接到 Sample-Superstore 数据集。接下来关于 Tableau Desktop 使用的介绍会基于该示例数据集。

连接到 Sample-Superstore 数据集后，Tableau 将执行以下操作。

① 打开新工作表，界面会显示白板，用户可以在其中创建第一个视图。

② 显示软件目前连接到的数据源。如果使用多个数据源，用户可以看到它们都列在此处。

③ 将数据源中的列添加到左边的"数据"窗格中，列会添加为字段。

④ 将数据类型（如日期、数字、字符串等）和角色（维度或度量）自动分配给用户导入的数据。

4.5 使用 Tableau 拖放字段可视化

在 Sample-Superstore 数据集中，"Order Date（订单日期）"这类字段适用于列的维度，作为折线图的横坐标；"Sales""Profit"等适用于行的维度，作为折线图的纵坐标。图 4-8 就展示了绘制年度销售额折线图的过程，将字段分别拖入列功能区和行功能区后，软件自动智能推荐绘制折线图。也可以手动调整图表类型，除了可以选择折线图，还可以选择条形图、饼图等图表类型，如图 4-9 所示。我们可以利用该数据集进一步分析该商场每类商品的年销售额，并在行维度添加 Category（分类）字段，将图表类型调为条形图，最终得到图 4-10 所示的结果。

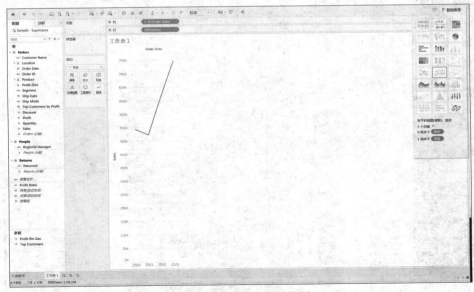

图 4-8　年度销售额折线图

图 4-9 在标记栏手动调整图表类型

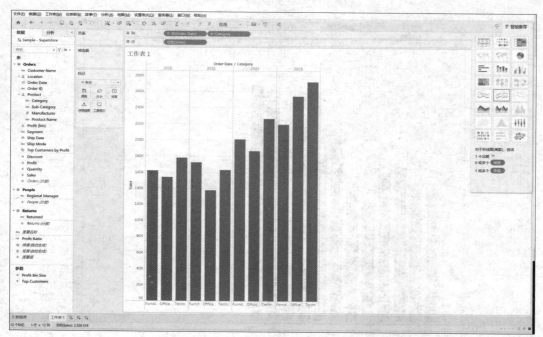

图 4-10 每类商品的年销售额条形图

如图 4-11 所示，Tableau 会使用累计（聚合）为总和的销售额生成图表。用户可以按订单日期查看每年的总聚合销售额，即将鼠标指针移动至折线图上以查看对应年份的销售额，或者将数据点信息作为标签添加到用户创建的视图中。单击工具栏上的"显示标记标签"，可直观显示每年每类商品的销售额，结果如图 4-12 所示。

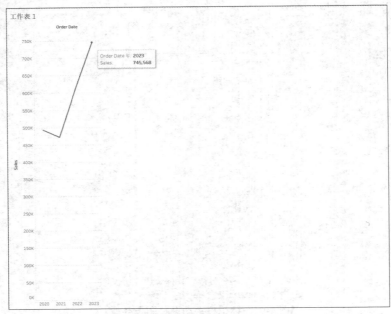

图 4-11　查看图像详细数据

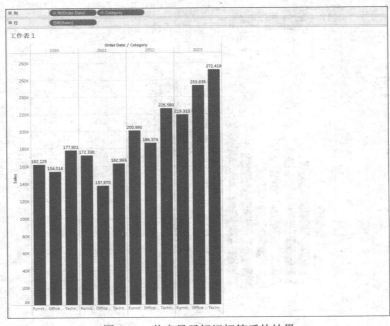

图 4-12　单击显示标记标签后的结果

　　关于视图的透视效果还有如下选择，可以设置条形图交换行列显示或者组内排序。图 4-12 所示的条形图就可以设置以年份为组别，每组内按不同商品类别的销售额进行排序。图 4-13 所示为条形图交换行列显示并选择升序排列的结果，直观地反映出商场中每类商品的年销售额的总体趋势是 Technology（科技产品）高于 Furniture（家具）、Office Supplies（办公用品）。

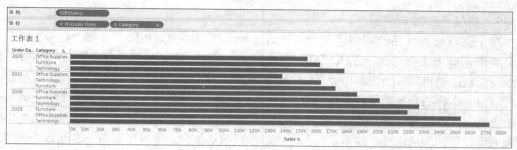

图 4-13　设置交换行列显示和升序排列

4.6　使用筛选器和颜色添加细化视图

Sample-Superstore 数据集含有要进行分类的大量数据。Tableau 具有为视图添加筛选器、颜色等功能，以帮助用户关注那些感兴趣的详细信息和特定结果。在增加对数据的重点关注后，用户可以使用 Tableau Desktop 提供的其他功能与该数据进行交互。

1. 将筛选器添加到视图

用户可以使用筛选器在视图中包含或排除值。在本示例中，通过将一个简单的筛选器添加到工作表中，可以轻松地按子类查看特定年度的商品销售额。如图 4-14 所示，对"Order Date"设置年份的筛选，在"数据"窗格的维度下，右击"Order Date"，并选择"显示筛选器"，设置筛选条件，如不查看 2020 年的数据，则在界面右端的筛选器中不勾选"2020"。

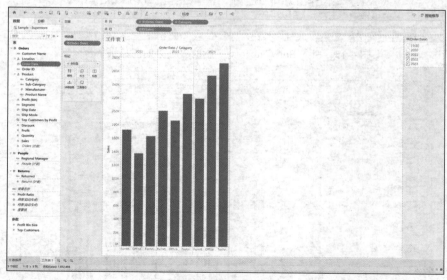

图 4-14　设置年份筛选器

用户可单击"筛选器"并将其拖到视图中的另一个位置上，以在画布上移动筛选器。拖动筛选器时，会出现一条深黑色的线显示用户拖动筛选器移动的路线。

2．将颜色添加到视图

接下来以每类商品的利润情况为例讲解如何将颜色添加到视图。在按"Category"字段分类的基础上，向列维度引入"Sub-Category"字段，显示家具、办公用品和科技产品更细分的商品销售额，如图 4-15 所示。在对销售额进行分析的同时，我们注意到，有的商品销售额很高，有的商品销售额很低。考虑到不同商品的价格和销量有差别，为了更全面地分析销售情况，还需要考虑各类商品被卖出后带来的利润。如图 4-16 所示，我们将"Profit"字段拖入标记栏的颜色区域，结果是条形图中每一栏都被染色，同时在视图的右侧有一个利润的色调表，颜色越深代表利润越高，颜色越浅代表利润越低，如 Furniture 分类下的 Table（桌子）近几年一直处于高亏损，而 Technology 分类下的 Phone（电话）近几年的利润都相对较高。总的来讲，将颜色添加到视图后每类商品的利润情况会通过颜色的深浅来反映。

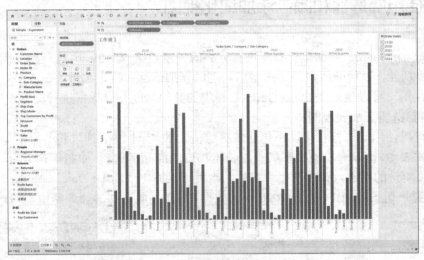

图 4-15　引入 Sub-Category 字段的更细分的商品销售额

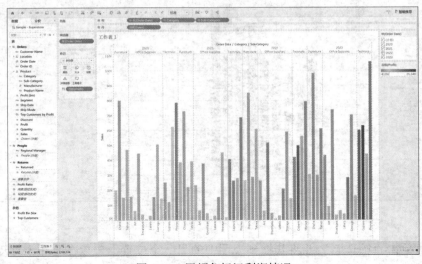

图 4-16　用颜色标记利润情况

我们可以看到，Furniture 分类下的 Table 高亏损，Technology 分类下的 Phone 高利润，但是在制定具体的营销策略之前，还需要更多的细节信息。现在，按照区域对视图进行细分，从"数据"窗格中，将"Region"（区域）拖到行功能区，并将其放在"Sum（Sales）"左侧，如图 4-17 所示。现在，可以看到每个区域按产品列出的销售额和盈利能力。通过将区域添加到视图中并仅针对计算机筛选子类，右击"Order Date"，选择"显示筛选器"，选择"Table"，此时可以看到，报告中南部地区的桌子利润只有 2022 年是负的，其他年份都是盈利的，而东部地区的桌子利润每年都是负的，如图 4-18 所示。

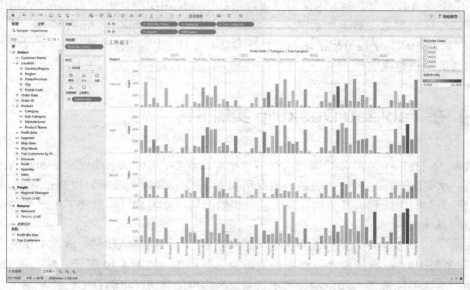

图 4-17　按区域细分视图

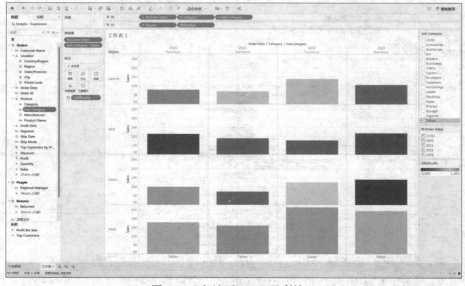

图 4-18　各地区 Table 盈利情况

在工作区左下方双击"工作表 1"并键入"Sales by Product/Region"（按产品/区域列出的销售额）。选择"文件">"另存为"保存工作。

4.7 通过地理方式浏览数据

在前面的示例中，查看完商品的销售额和利润情况后，还可以按区域研究商品的销售趋势。由于要查看地理数据，因此用户可以选择生成地图视图。地图视图非常适用于显示和分析这种区域信息。对于此示例，Tableau 已经为"国家/地区""州/省/市/自治区""城市"和"邮政编码"字段分配了适当的地理角色，软件可以智能地识别这些字段中的每个字段包含的地理数据。

4.8 在 Tableau Desktop 实现下钻

数据下钻有助于从汇总数据深入细节数据进行观察，还可以帮助用户增加新的维度进行观察。从美国东部地区的商场利润情况可以看出 Ohio（俄亥俄州）和 Pennsylvania（宾夕法尼亚州）的商场利润是负的，即这两个州的商场存在亏损。我们接下来研究这两个商场亏损的具体情况。

双击工作表 2 并将此工作表命名为"利润地图"，并选择"复制"。将新工作表命名为"负利润条形图"。在智能推荐里将图表类型改为条形图，如图 4-19 所示。Tableau Desktop会自动根据之前筛选器与颜色的设置更改行、列维度的字段，我们只需研究利润为负的两个州，这里选中这两个州，单击右键选择"只保留"，如图 4-20 所示。

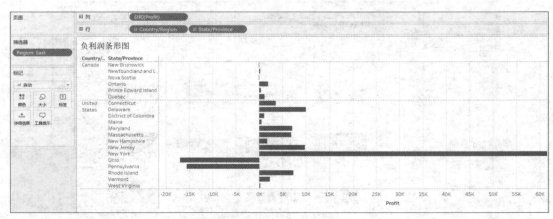

图 4-19　负利润条形图

接下来，为了进一步下钻分析这两个州亏损的原因，决定往下查看这两个州每个城市的利润情况。如图 4-21 所示，将"City"（城市）字段拖入行维度，即可查看每个城市的利润情况。可以发现，这两个州的大部分城市的商场都发生了亏损，其中 Ohio 的 Lancaster（兰卡斯特）和 Pennsylvania 的 Philadelphia（费城）亏损情况最为严重。

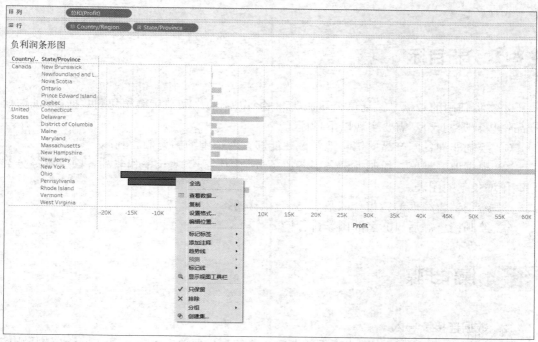

图 4-20　选择"只保留"

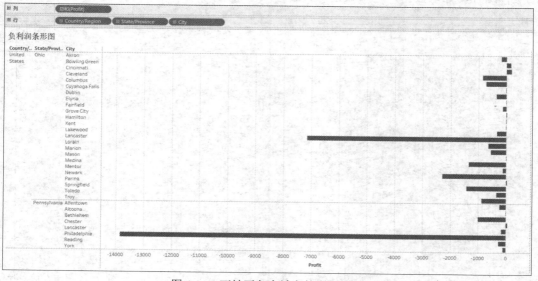

图 4-21　下钻至各个城市的利润情况

接下来，我们可以保存我们的工作，并对各个工作表进行命名，之后可以使用快捷键"Ctrl+S"或者通过"文件"菜单进行保存。

实训操作 ✍ 通信产品销售和盈利能力分析

4.9 分析目标

本实训使用的数据是某通信公司在非洲多个国家的产品销售额和利润数据（非洲通信产品销售数据.xlsx）。需要实现以下目标。

① 绘制非洲各国产品的销售地图，并能够查看该国的销售额和利润数据。

② 根据地区维度，绘制非洲各国各服务分类销售额年增长率和非洲各国各服务分类利润年增长率的图表。

③ 绘制销售经理的销售合同数前 5 名排行榜。

④ 绘制销售额后 10 名的国家排行榜。

4.10 操作步骤

1. 数据连接及导入

打开 Tableau Desktop，在主页面的左侧"连接"栏下单击 Microsoft Excel，选择相应的文件路径，导入数据，进入数据源页面，如图 4-22 所示。

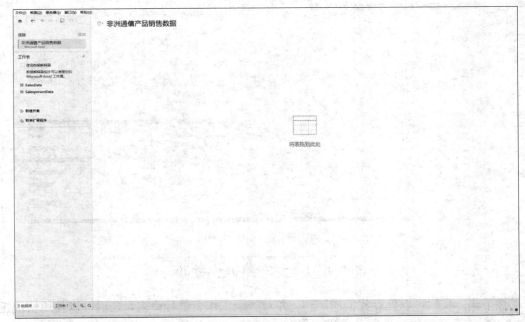

图 4-22　连接数据

接下来，将左侧工作表中的 SalesData 拖入右侧，如图 4-23 所示。

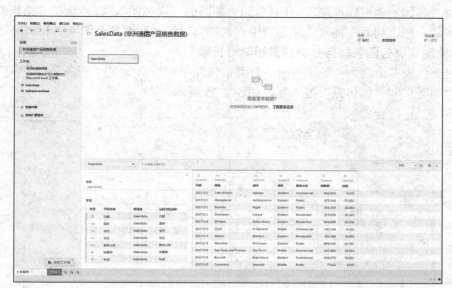

图 4-23　选择 SalesData

2．绘制各国的销售额地图

单击右下角的工作表 1，再双击工作表 1，并将名称修改为"各国的销售额地图"。选择字段"国家"，右击选择"地理角色"下的"国家/地区"，把其转换为地理属性，如图 4-24 所示。

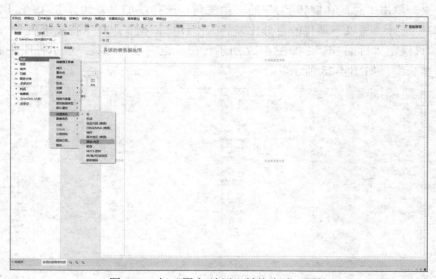

图 4-24　把"国家/地区"转换为地理属性

将"国家/地区"拖入详细信息中，将"销售额"拖入"颜色"中，这样可以看到非洲各个国家的销售情况，可以看到南非的销售额最高。

3．绘制各国的利润地图

复制"各国的销售额地图"，并命名为"各国的利润地图"。将"总和（销售额）"从标记中移除，把"利润"拖入"颜色"中，这样可以看到非洲各个国家的利润情况。

4．绘制非洲各国各服务分类销售额年增长率

新建工作表并命名为"各国各服务分类销售额年增长率"。将"服务分类""年"拖入列，将"地区"和"销售额"拖入行，如图 4-25 所示。

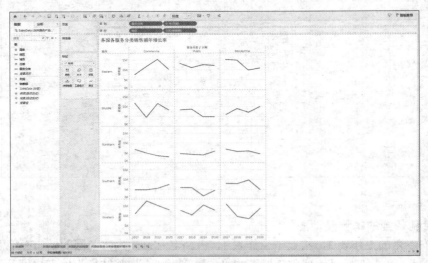

图 4-25　各国各服务分类销售额年增长率

接下来，单击"总额（销售额）"的下拉三角，选择添加"表计算"，如图 4-26 所示。"计算类型"选择"与以下项目的百分比差异"，"计算依据"选择"特定维度"，去掉"服务分类"，只保留"日期 年"，如图 4-27 所示。在标记中显示标签，展示各国各服务分类销售额年增长率，如图 4-28 所示。

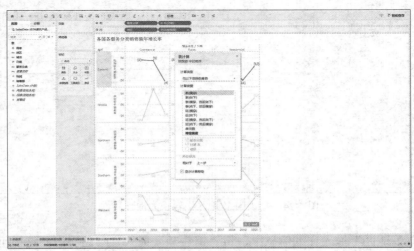

图 4-26　选择添加"表计算"

图 4-27　表计算设置

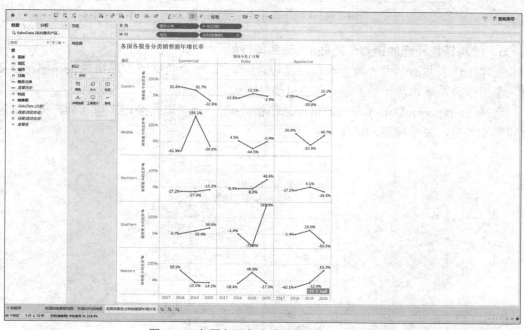

图 4-28　各国各服务分类的销售额年增长率

5. 绘制非洲各国各服务分类利润年增长率

复制"各国各服务分类销售额年增长率"工作表，并命名为"各国各服务分类利润年增长率"。单击"总和（销售额）"的下拉三角，然后单击移除，在行中移除该项，把"利润"拖入行，放在"地区"后，进行和上一步骤相同的年增长率操作，结果如图4-29所示。

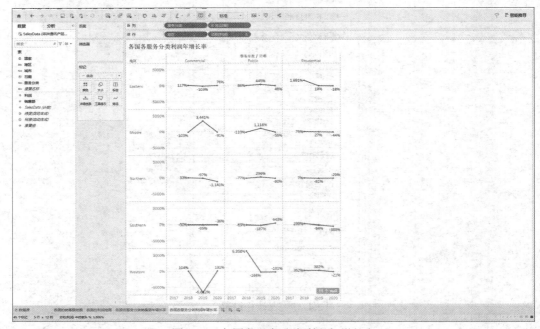

图 4-29　各国各服务分类利润年增长率

6．绘制销售经理的销售合同数前 5 名排行榜

新建工作表并命名为"销售经理的销售合同数"。新建数据源，选择 SalespersonData 表。在工作表中显示两个数据源，如图 4-30 所示。

选择 SalespersonData（非洲通信产品销售数据），把"销售经理"拖入列，把"销售合同"拖入行，显示标签，如图 4-31 所示。

图 4-30　两个数据源

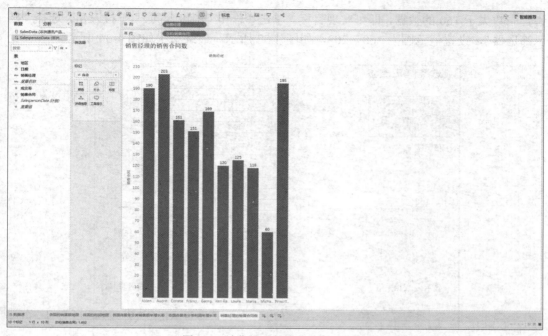

图 4-31　销售经理的销售合同可视化

接下来进行排序，单击列中的"销售经理"下拉三角，选择"排序"，进入排序设置，"排序依据"选择"字段"，"排序顺序"选择"降序"，"字段名称"选择"销售合同"，聚合选择总和，如图 4-32 所示。

排序 [销售经理]	×
排序依据	
字段 ▾	
排序顺序	
○ 升序	
● 降序	
字段名称	
销售合同 ▾	
聚合	
总和 ▾	
↺ 清除	

图 4-32　排序设置

通过观察，前 5 名的销售合同数据为 161～203，对销售合同数进行筛选，只展示销售合同数大于 160 的数据，即可实现目标。单击"总和（销售合同）"下拉三角，选择"显示筛选器"，设置值范围为 160～203，如图 4-33 所示。最终结果如图 4-34 所示。

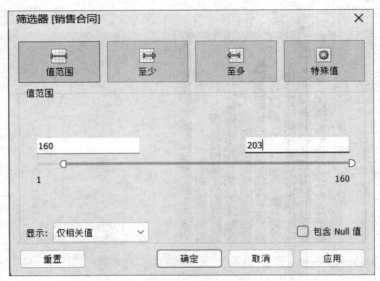

图 4-33 对销售合同数设置显示数据范围

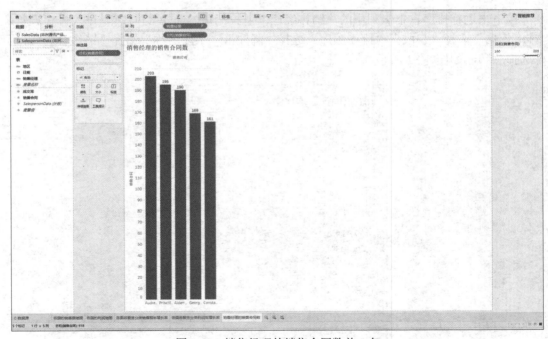

图 4-34 销售经理的销售合同数前 5 名

7．绘制销售额后 10 名的国家排行榜

新建工作表并命名为"各国销售额"，数据源选择 SalesData（非洲通信产品销售

数据）。把"国家"拖入列，把"销售额"拖入行，显示标签，如图 4-35 所示。接下来的操作与上一步骤基本相同，由降序改为升序，不再赘述，最终结果如图 4-36 所示。完成后保存。

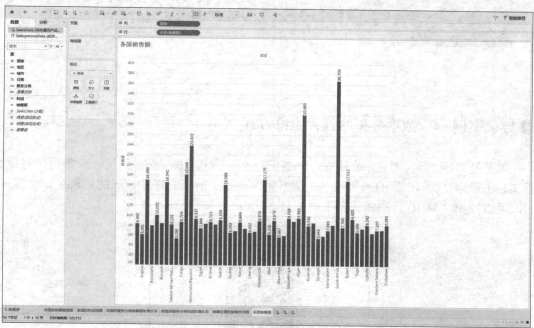

图 4-35　非洲各国销售额情况

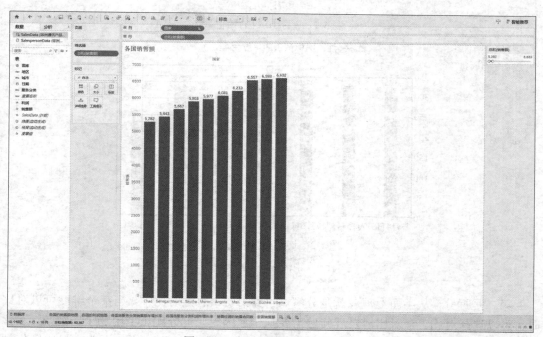

图 4-36　非洲各国销售额后 10 名

第 5 章　Tableau 可视化应用

🌀 导读案例 🌀　数据分析的五大思维方式

第一是对照，俗称对比。单独看一个数据是不会有感觉的，必须跟另一个数据做对比。图 5-1 所示为 7 月 10 日的销售量，价值不大。图 5-2 所示为连续一周的销售量，通过对比，可以发现 7 月 10 日的销售量下降明显。

图 5-1　7 月 10 日的销售量

注：图中销量的单位为个。

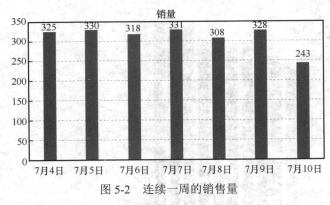

图 5-2　连续一周的销售量

注：图中销量的单位为个。

第二是拆分，从字面上理解就是分解。回到第一个思维对比中，当某个维度可以对比时，可以选择对比。在对比后发现问题需要找出原因时，拆分就派上用场了。例如，运营小美经过对比店铺的数据发现今天的销售额只有昨天的 50%，这时候，再怎么对比销售额这个维度已经没有意义了。这时就需要对销售额这个维度做分解，拆分指标。由于销售额等于成交用户数乘以客单价，成交用户数等于访客数乘以转化率，如图 5-3 所示，因此就需要从访客数、转化率和客单价上进行分析。

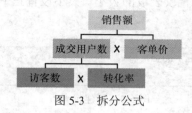

图 5-3　拆分公式

第三是降维。当数据维度太多时，不可能每个维度都拿来分析，从中筛选出代表性的维度进行分析即可。比如，在一个销售数据表中，既有访客数又有成交用户数和转化率，而成交用户数除以访客数等于转化率，则此 3 个变量可以只选择其中两个即可，实现降维。

第四是增维。增维和降维是对应的，有降必有增。当前的维度不能很好地解释要解决的问题时，就需要对数据做一个运算，增加一个指标。

增维和降维是必须对数据的意义有充分的了解后，为了方便进行分析，有目的地对数据进行转换运算。

第五是假说。假说是统计学的专业名词，俗称假设。当不知道结果或者有几种选择的时候，就可以使用假说。先假设有了结果，然后运用逆向思维，从结果到原因，要有什么的原因才能产生这种结果，这有点寻根的味道。那么，我们可以知道，现在满足了多少原因，还需要多少原因。如果是多选的情况下，我们可以通过这种方法来找到最佳路径（决策）。

除了结果可以假设，过程也是可以被假设的。

我们回到数据分析的目的，就会知道，只有明确了问题和需求，才能选择分析的方法。

知识准备　建立 Tableau Desktop 仪表板

5.1　创建仪表板

在第 4 章中，我们创建了 3 张图，一张是每类商品的利润条形图（见图 4-16），一张是美国东部地区利润地图（见图 4-19），还有一张是对美国东部地区利润亏损两个州各城市利润情况的下钻得到的条形图（见图 4-21）。在实际报告中，业务员需要就这 3 张图说明美国东部地区有两州存在亏损情况，然后分析这两州的各个商品细类销售的利润情况，接着分析这两州哪些城市亏损最为严重，这三者存在一个下钻的逻辑关系。如果能将 3 张图整合到一个界面内进行可视化，就能让分析更加直观。

Tableau Desktop 的仪表板很适合进行这项工作。用户可以使用仪表板同时显示多张图，或根据需要让它们彼此进行交互。

在界面的下方单击新建操作的新建仪表板按钮，如图5-4所示。新建完成后，在界面左侧对仪表板进行设置。可以根据在实际报告中展示仪表板所用的桌面大小（如笔记本屏幕大小、通用桌面大小等）设置仪表板的大小。大小设置正下方是可供拖入仪表板的工作表，如图5-5所示。

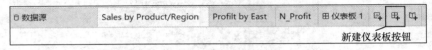

图 5-4　新建仪表板

图 5-5　通过设备预览设置仪表板大小

5.2 向仪表板中添加视图和从仪表板中移除视图

将界面左侧的3张工作表拖入右侧的仪表板工作区内，得到的仪表板如图5-6所示。但是仪表板的排版十分混乱，如果业务人员希望通过一个特定的逻辑顺序进行讲解，如先讲解仪表板左上角的东部地区利润额地图，再分析右边亏损的两个州的各商品利润情况，最后在下方进行下钻的讲解，分析这两个州哪些城市亏损最为严重，则需要对仪表板进行重新排列。选中要排列移动的工作表，会显示边框，拖动边框可以实现移动或者缩放工作表，如图5-7所示。调整排版后的仪表板如图5-8所示。当其中某个表不再使用时，可以移除，在仪表板中选中要移除的图，单击右侧的叉号即可。

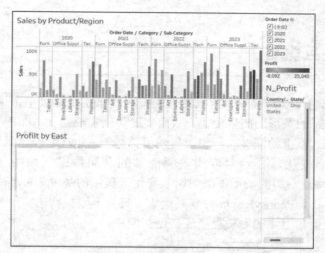

图 5-6　创建的原始仪表板

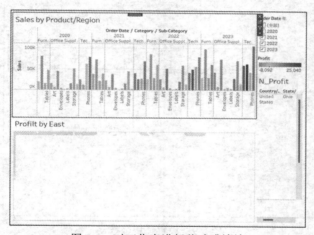

图 5-7　对工作表进行移动或缩放

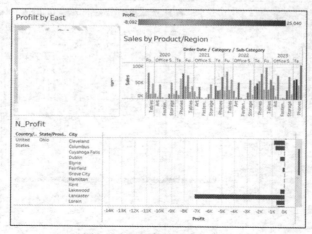

图 5-8　调整排版后的仪表板

5.3 添加交互功能

在本例中，我们将以在仪表板内设置使用筛选器来实现通过单击地图上的具体某个州，使右方利润情况的条形图产生变化，从而实现与仪表板交互。如图 5-9 所示，单击东部地区利润额地图边框上的漏斗状按钮设置使用筛选器，此时单击地图上的某个州，右边的条形图也会随之变化，显示对应州各类商品的利润数据，如图 5-10 所示。单击 Pennsylvania 的区块，右边的条形图发生明显变化，显示的是 Pennsylvania 的数据。从右边的条形图可以看出，Pennsylvania 的家具销售一直处于亏损状态，虽然近两年科技产品销售额相对较高，但是整体的亏损程度还在逐年增加。

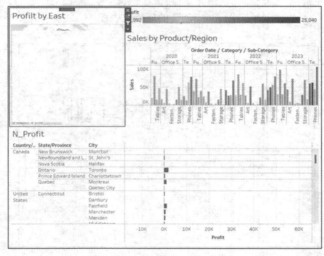

图 5-9　设置使用筛选器

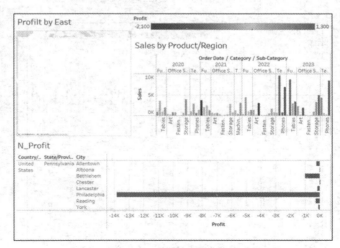

图 5-10　仪表板交互实例

5.4　添加布局容器

新建仪表板，在左侧对象中选择水平容器，将其拖入仪表板，如图 5-11 所示。若要均匀放置各项，请从布局容器的快捷菜单中选择"均匀分布内容"，如图 5-12 所示。向容器内添加工作表，把东部地区利润额地图和每类商品利润条形图拖入容器内，将两个州的负利润条形图拖至容器下面，如图 5-13 所示。

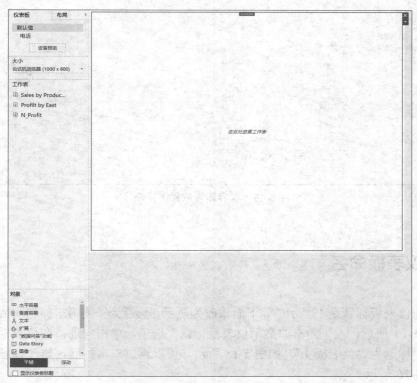

图 5-11　将水平容器拖入仪表板

图 5-12　选择"均匀分布内容"

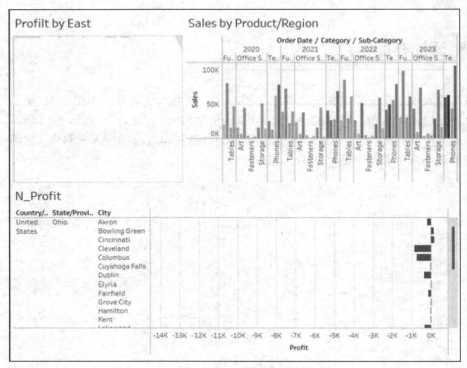

图 5-13　在容器内放置工作表

5.5 仪表板命名

默认的仪表板标题是不显示的，下面修改为显示，标题为"美国东部利润情况分析"。

如图 5-14 所示，左下角有"显示仪表板标题"选项，单击勾选，在仪表板中会自动添加标题，标题为"仪表板 1"，如图 5-15 所示。可以通过双击标题，修改标题及文本格式，如图 5-16 所示。

图 5-14　"显示仪表板标题"选项

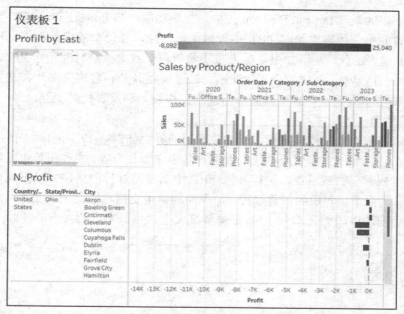

图 5-15　默认的仪表板标题

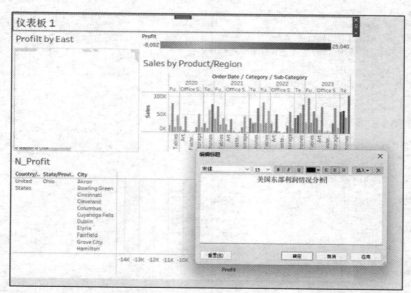

图 5-16　修改标题及文本格式

5.6　创建故事功能概述

1. 故事功能简介

前文中介绍了 Tableau Desktop 可以将各个图（工作表）整合到一个仪表板上，而比仪表板更进一步的是，Tableau Desktop 提供了故事功能。与 PowerPoint（PPT）类似，故事功能中设置的每个故事点如同 PPT 中设置的幻灯片，且每个故事点都支持拖入图（工作表）甚至创建好的仪表板。如果业务人员不希望再花费大量的时间制作 PPT，则可以选择使用 Tableau Desktop 创建故事进行演示，通过设置联动和自定义图片、文字等对象达到不输 PPT 的展示效果，并且可以展示与图（工作表）和仪表板的交互。

2．创建故事

在界面下方单击新建故事按钮，新建故事后的界面如图 5-17 所示，中间的空白部分可以通过将左边区域的工作表或者仪表板拖入其中来添加内容。接着在新建故事界面中通过新建故事点或者复制故事点，进行类似 PPT 中新建幻灯片的操作，以拖入更多的工作表或仪表板。类似于仪表板的创建过程，故事的创建也支持自定义插入文本，可以使用界面左下方的"拖动以添加文本"，或者根据屏幕大小调整故事点的大小。

图 5-17　新建故事界面

3．通过故事总结介绍案例

对于 Sample-Superstore 案例，我们从最浅显的商场近 4 年来的销售额和利润的变化开始分析，再细分到各商品的利润情况，之后通过地图结合利润颜色设置分析各州的利润情况，以美国东部地区为例发现有两个州出现较大亏损，便继续下钻，分析这两个州的哪些城市或哪些商品的销售亏损严重。我们可以将这一过程建立的工作表或仪表板整合，创建基于 Sample-Superstore 数据集的案例故事，如图 5-18 所示。要展示这个案例，只需在展示过程中像放映幻灯片一般按顺序切换故事点即可。

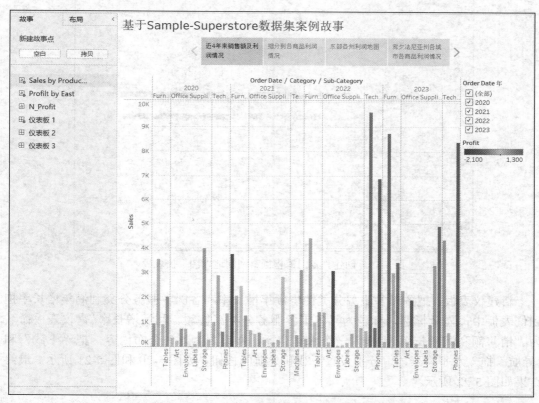

图 5-18　Sample-Superstore 数据集的案例故事

🌀 **实训操作** 🌀　**为通信产品销售和盈利能力分析创建仪表板和故事**

第 4 章中已经创建了 6 个工作表，现在需要把相同主题的工作表放到一个仪表板中，再创建故事，具体步骤如下。

5.7　创建仪表板

新建仪表板，把各国的销售额地图和各国的利润地图拖到仪表板中，显示标题，标题为"各国销售额、利润地理图"，仪表板命名为"销售额利润地理图"，如图 5-19 所示。

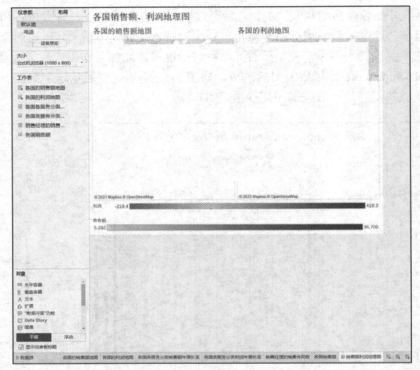

图 5-19　创建"各国销售额、利润地理图"仪表板

新建仪表板，把各国各服务分类销售额年增长率和各国各服务分类利润年增长率拖到仪表板中，显示标题，标题为"各国各服务分类销售额、利润增长率"，仪表板命名为"销售额利润增长率"，拖入一个水平容器，并设置为均匀分布内容，把"下载"和"导航"拖入水平容器内，分别设置下载和导航的按钮，如图 5-20 和图 5-21 所示。最终结果如图 5-22 所示。

图 5-20　下载按钮设置　　　　　　　　图 5-21　导航按钮设置

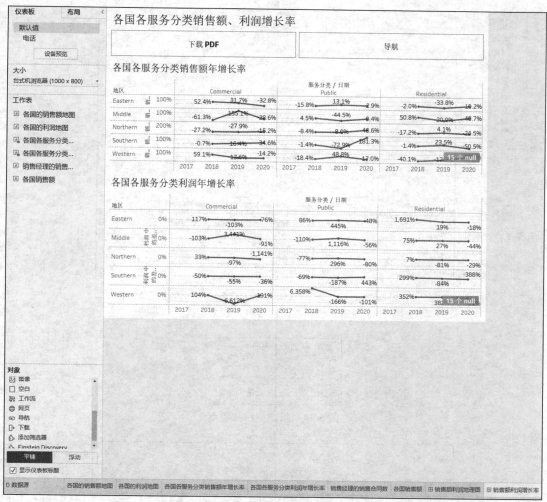

图 5-22　创建"各国各服务分类销售额、利润增长率"仪表板

5.8　创建故事

新建故事，标题修改为"通信产品销售和盈利能力分析"，故事点标题为"非洲各国销售额、利润情况"，把创建好的仪表板销售额利润地理图拖入空白处，如图 5-23 所示。新建空白故事点，单击新建故事点下的"空白"按钮，如图 5-24 所示。修改故事点标题为"非洲各国各服务分类年增长率"，把新建仪表板"销售额利润增长率"拖入空白处，如图 5-25 所示。新建故事点，标题为"各国销售额排名后 10 位"，拖入工作表"各国销售额"，根据拖动以添加文本在故事点中添加一个说明文本，描述销售额的一些统计量，如图 5-26 和图 5-27 所示。

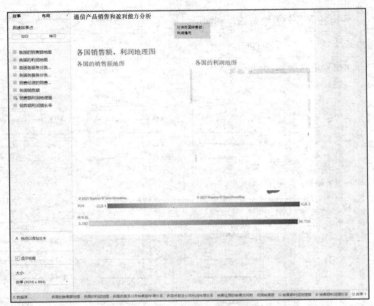

图 5-23　创建"非洲各国销售额、利润情况"故事点

图 5-24　新建空白故事点

图 5-25　创建"非洲各国各服务分类年增长率"故事点

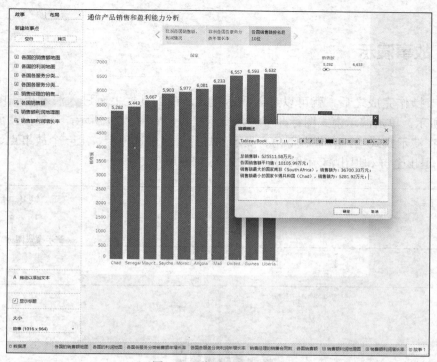

图 5-26 拖动以添加文本

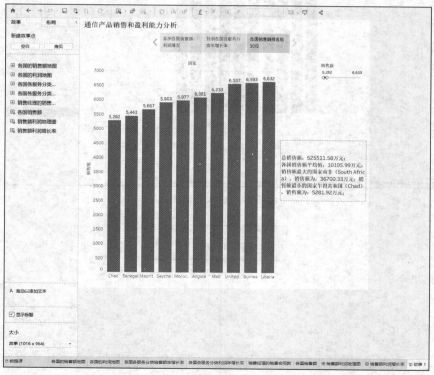

图 5-27 添加文本说明

5.9 故事演示

5.8 节操作完成之后，就可以进入演示模式。在工具栏上有进入演示模式图标，如图 5-28 所示。单击演示模式图标即可进入演示模式，如图 5-29 所示，若退出，可直接按 Esc 键。在演示模式下，屏幕右下角有显示幻灯片、显示选项卡、上一个故事点、下一个故事点、退出全屏和退出演示模式按钮，如图 5-30 所示。

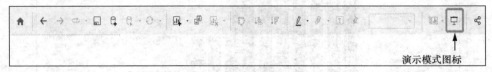

图 5-28　演示模式图标

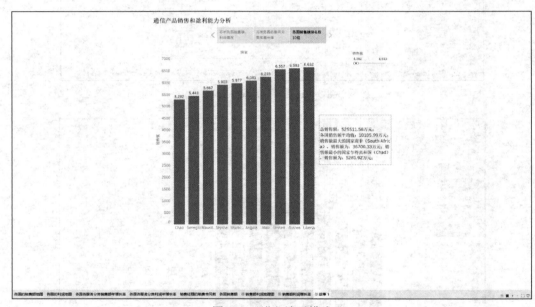

图 5-29　进入演示模式

图 5-30　各功能按钮

第6章 前端数据可视化

导读案例 ≈ 网站平台展示

图 6-1 所示为某网页截图，内容包括故障设备监控、点位分布统计、全国用户量统计等 10 个部分。这 10 个部分分别由不同的图表构成，如表格、饼图、条形图、雷达图、折线图等。

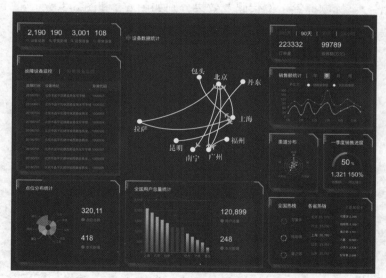

图 6-1 网站平台展示示例

知识准备 ≈ 前端数据可视化

6.1 HTML 的简单应用

1. 简介

HTML（Hyper Text Markup Language，超级文本标记语言）主要用于编写网页。其文件的后缀名可以是.html，也可以是.htm。用 HTML 编写的文件可在浏览器中运行（用 HTML、CSS、JavaScript 编写的文件都可在浏览器中运行）。

直接写入纯字符串的做法在 HTML 中并不符合规范（尽管浏览器也能解析，这是因为浏览器容错能力强），严格意义上的 HTML 是带有标签的（和 XML 的标签格式类似）。

在 HTML 中，不同的标签可能会支持不同的属性（HTML 本身就有这样的约定），但是所有标签都支持 id 这样的属性，id 属性表示这个标签的唯一身份标识（一个 HTML 文件中不能有两个相同的 id 标签）。

2. HTML 常见标签

（1）标题标签（h1~h6）

① HTML 中有 6 个标题标签，即 h1、h2、h3、h4、h5、h6。

② 标题标签的数字越小，标题字体就越大越粗。

③ 标题独占一行（专门的属性）。

这里说的标题标签的标题不是 title，不是标签的标题，而是内容的标题。CSS 中有对 h1~h6 的默认描述。h1 标签对网页尤为重要，开发中有特定的使用场景，如新闻的标题、网页的 Logo 部分。标题标签示例代码及效果分别如图 6-2 和图 6-3 所示。

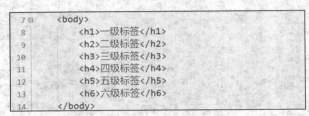

图 6-2　标题标签示例代码

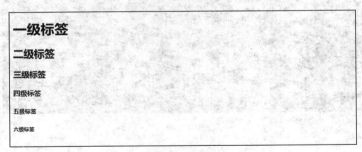

图 6-3　标题标签示例效果

（2）段落标签（p 标签）

段落之间存在一定的间距，其作用是区分段落。不同的浏览器段落间距也许会不一样，可以通过 CSS 进行修改。段落间距也可以只用 Dart 语言来描述页面结构、样式，以及动作。

为什么不让 HTML 本身来控制呢？

在 HTML 发展的前期，CSS 并没有诞生，样式是由 HTML 自身控制的。HTLM 标签上有很多属性，可以直接影响样式。随着 HTML 的发展，样式越来越丰富，开发人员将样式单独提出来研发成了 CSS。

段落标签的特点：段落之间存在间距；独占一行。

段落标签示例代码及效果如图 6-4 所示。

```
<body>
    <!--这个段落格式不包含首行缩进，首行缩进是由CSS进行控制 -->
    <body>
        <p>
        段落和段落之间存在一定的间距这个间距主要是为了区分段落和段落不同的浏览器间距也不一样，可以通过CSS来修改这个间距)
        也可以只用一个Dart语言，同时来描述页面结构，样式，以及动作。为什么不让HTML本身来控制
    </p>
        <p>
            这是一个</br>
            段落<hr>
            </p>

    </body>
```

段落和段落之间存在一定的间距这个间距主要是为了区分段落和段落不同的浏览器间距也不一样，可以通过CSS来修改这个间距）也可以只用一个Dart语言，同时来描述页面结构，样式，以及动作。为什么不让HTML本身来控制

这是一个
段落

图 6-4　段落标签示例

（3）换行标签（br 标签）

在 HTML 中要通过 br 标签换行。它是一个单标签，只有开始标签没有结束标签，严格的写法是“/br”。不加“/”，大部分浏览器也能正确显示，这是依靠了浏览器的容错能力，但有些浏览器可能会出现问题。

换行标签的特点：单标签；让文字强制换行。

换行标签示例代码及效果如图 6-5 所示。

```
<body>
    <body>
    <!--这个段落格式不包含首行缩进，首行缩进是由CSS进行控制 -->
    <p>
    这是一个</br>
    段落
    </p>
</body>
```

这是一个
段落

图 6-5　换行标签的示例

（4）水平线标签（hr 标签）

水平线标签的作用是显示分割不同主题内容的水平线。

水平线标签的特点：单标签；在页面中显示一条水平线。

水平标签示例代码及效果如图 6-6 所示。

```
<body>
    <p>
        这是一个</br>
        段落<hr>
        </p>
</body>
```

这是一个
段落

图 6-6　水平线标签示例

（5）图片标签（img 标签）

图片标签的特点：单标签；img 标签要展示对应的效果，需要设置标签的属性。

① src 属性：src 属性要写一个具体的图片路径。这个路径可以是一个本地路径，也可以是一个网络路径。图片标签 src 属性示例如图 6-7 所示。

```
1  格式：  <img src="" alt="">
2  <!--以下是本地路径，网络路径就是一个形如http: //或者https: //这样的url -->
3  <!--当前路径下的图片>
4  <img src="cat.jpg">
5  <!--当前路径下image文件夹中下一级的图片-->
6  <img src="./image/cat.jpg">
7  <img src="image/cat.jpg">
8  <!--路径为.html上一级目录image文件夹下图片名为cat的图片,..表示上一级目录-->
9  <img src="../image/cat.jpg">
```

图 6-7　图片标签 src 属性示例

② alt 属性：如果图片加载出错，会显示 alt 中的内容；如果图片正确显示，则不会显示 alt 中的内容。一些弱网环境，如 3G 刚出来的时候，网页上的图片较大就有可能加载失败，就会显示 alt 中的内容；如果图片加载成功则无影响。

③ title 属性：其作用是，将光标放到图片上后，有一个小小的提示框。

④ width/height 属性：控制宽度、高度。高度和宽度其中一个修改后，另外一个会等比例缩放，否则就会图片失衡。

⑤ border 属性：给图片加上边框，边框尺寸可以通过 CSS 控制。

（6）超链接（a 标签或 anchor 标签）

① herf 属性：href 表示单击 a 标签就能跳转到另一个网页，href 属性特别重要（必须具备），内容也比较关键。如果 a 标签没有内容，默认情况下 a 标签的尺寸就是 0×0，无法单击。

② target 属性：打开方式。默认是_self，表示在当前窗口打开页面；如果是_blank，则用新的标签页打开页面。很多时候，需要跳转过去之后新的页面以标签页的形式打开，旧的页面仍然存在，而不是被替换掉，就可以用 target 属性来控制。

③ 链接地址形式。

外部链接：使用完整的 url（外部网站）。例如如下代码就是外部链接形式。

```
<a href = "http://www.b***.com"> 百度</a>
```

内部链接：使用相对路径（本地的内容）。例如，在一个目录中，先创建一个 1.html，再创建一个 2.html，然后采用如下形式跳转。

```
1  <!-1.html -->
2  <a href = "2.html"> 点我跳转到 2.html </a>
3  <!-3.html -->
4  <a href = "1.html"> 点我跳转到 1.html </a
```

空链接：使用 # 在 href 中占位。例如，代码写到一半的时候可以使用这种方式占位。

```
<a href = "#"> 空链接 </a>
```

下载链接：href 对应的路径是一个文件（可以使用.zip、.exe 文件）。例如，以下代码中的 test.zip 文件与.html 文件在同一个路径下。

```
<a href = "test.zip"> 下载文件 </a>
```

（7）表格标签（table 标签）

表格标签用于展示数据。

① table 标签：表示整个表格，还可以进行网页布局。

② tr 标签：表示表格中的一行。

③ th 标签：表示表头单元格，默认表头字体加粗、文字居中。

④ td 标签：表示一行中的一个单元格，默认其中文字为普通字体字号。

⑤ thead 标签：表格的头部区域。

⑥ tbody 标签：表格的主题区域。

表格标签示例如图 6-8 所示。

```
 8          <table align="center" width="500" height="100" border="1" cellspacing="0" >
 9              <thead>
10              <tr>
11                  <th>排名</th>
12                  <th>排名</th>
13                  <th>排名</th>
14                  <th>排名</th>
15                  <th>排名</th>
16                  <th>排名</th>
17              </tr>
18          </thead>
19          <tbody>
20              <tr>
21                  <td>1</td>
22                  <td>鬼吹灯</td>
23                  <td>鬼吹灯</td>
24                  <td>鬼吹灯</td>
25                  <td>鬼吹灯</td>
26                  <td> <a href="#">贴吧  <a href="#">图片  <a href="#">百科</a></td>
27              </tr>
28          </tbody>
29          </table>
30
31      </body>
```

图 6-8　表格标签示例

运行代码后的结果如表 6-1 所示。

表 6-1　标签表格

排名	排名	排名	排名	排名	排名
1	鬼吹灯	鬼吹灯	鬼吹灯	鬼吹灯	贴吧　图片　百科

（8）div 标签与 span 标签

这两个标签只是盒子，没有语义，用来装内容。

① div 标签：可以视为一个独占一行的"大盒子"，一行只能放一个。

② span 标签：可以视为一个独占一行的"小盒子"，一行可以放多个。

盒子里面又可以装其他的标签，或者盒子里面可以再装盒子。现在很多网站只用一个 div（大部分标签都可以使用 div&span 来代替）。这两个标签通常用于针对页面结构进行布局。如果想要表达的内容符合其他标签，那么用其他标签标识（标题用 h1~h6 标签中的一种），如果没有合适的标签，则可以使用 div 和 span。

使用上面所列的常见标签，能够高效地组织页面内容。

6.2 使用 SVG 绘制矢量图

随着互联网技术的发展和应用的扩张，图形设计成为各行各业中不可或缺的部分。传统的栅格图像虽然能够表达出丰富的视觉效果，但其存在像素化、缩放模糊等问题。矢量图形则以其优秀的放大缩小性能和高保真度成为新的选择。在矢量图形的绘制中，SVG（Scalable Vector Graphics，可缩放矢量图形）图像技术无疑是最受欢迎的一种技术。

SVG 图像是一种标准的 XML 格式文件，可以通过代码来描述图形的属性与结构。与传统的像素图不同，SVG 图像可以按照需求进行放大或缩小，而不会导致图像品质的损失。这使得 SVG 图像在网页设计、动画制作、图表绘制等方面具有广泛的应用。

首先，SVG 图像具有良好的兼容性。无论是在桌面浏览器上还是在移动设备上，几乎所有的主流浏览器都支持对 SVG 图像的显示和解析。这使得 SVG 图像成为跨平台、跨设备的理想选择，可以为用户提供一致的视觉体验。

其次，SVG 图像的绘制相对简单。由于 SVG 图像是使用文本代码来描述的，因此可以直接通过文本编辑器进行编写和修改。图形的属性和样式都可以通过 CSS 来控制，非常灵活。此外，SVG 图像支持 JavaScript 交互，可以通过运用 JavaScript 实现动态效果，为用户带来更加丰富的视觉体验。

另外，SVG 图像还具有丰富的绘图功能。与传统的像素图相比，SVG 图像可以绘制更加复杂的图形，如曲线、路径、多边形等。此外，SVG 图像的绘图过程也支持变换、渐变、阴影等效果的添加，可以为图形增添更多的细节和美感。

在使用 SVG 图像技术进行矢量图形绘制时，有一些技巧和注意事项是需要注意的。首先，要注意代码的结构和层次分明。通过将不同的图形元素分为不同的组，可以提高代码的可读性和维护性。此外，对于复杂的图形，可以考虑将其拆分为多个子图形来绘制，然后再进行组合。这样可以降低代码的复杂度，提高图形的编辑和修改效率。

其次，要注意图形的尺寸和比例。在绘制 SVG 图像时，要根据实际需求进行调整和设定图形的尺寸。特别是在将 SVG 图像应用于网页设计时，要考虑到不同设备的屏幕尺寸和分辨率，以保证图形的显示效果。可以使用百分比或响应式设计来适应不同屏幕尺寸，并通过 CSS 媒体查询来控制图形在不同设备上的显示方式。

此外，还需要注意图形的优化和性能。在绘制 SVG 图像时，要尽量避免过多的图形元素和无用的代码。可以通过合并路径、删除冗余元素和压缩代码等方式来减小 SVG 图像的文件大小。这不仅有助于提高网页加载速度，也有助于减少服务器负载和用户流量消耗。

综上所述，使用 SVG 图像进行矢量图形绘制是一种正确的选择。其具有良好的兼容性、简单的绘制和丰富的绘图功能，能够满足各类图形设计需求。在绘制 SVG 图像时，要注意代码的结构和层次分明，设定图形的尺寸和比例，并进行图形的优化和性能调优。只有充分利用 SVG 图像的优点和技巧，才能绘制出令人满意的矢量图形作品。

6.3　使用 Canvas 2D 绘制几何图形

1．基本知识

HTML5 中新增了 <canvas> 元素。<canvas> 元素负责在页面中设定一个区域，然后通过 JavaScript 动态地在这个区域内绘制图形。

（1）创建画布

使用 Canvas 绘图前必须先设置其 width 和 height 属性，来指定一个可以绘图的区域大小。

创建画布的代码示例如图 6-9 所示。

```
<canvas id="draw" width="200" height="200"></canvas>
```

图 6-9　创建画布的代码示例

<canvas>元素与其他 HTML 元素一样，可以通过 CSS 为其添加样式，也可以用 JavaScript 修改其属性的值。

（2）创建画笔

要在画布上绘图，需要通过调用 getContext()取得绘图上下文对象，也称创建画笔。创建画笔的代码示例如图 6-10 所示。

```
1  var drawing = document.getElementById("draw");
2  if(drawing.getContext){
3      var context = drawing.getContext("2d");
4  }
```

图 6-10　创建画笔的代码示例

2．绘制 2D 图形

（1）绘制和清除矩形

1）绘制矩形

fillStyle 属性：设置填充的背景颜色。

strokeStyle 属性：设置边框颜色。

fillRect(x, y, width, height)方法：从点(x, y)开始绘制一个矩形，宽度和高度分别是 width 和 height。可以填充它的背景颜色。

strokeRect(x, y, width, height)方法：从点(x, y)开始绘制一个矩形框，宽度和高度分别是 width 和 height。可以指定其边框的颜色，但不能填充背景色。

2）清除矩形

clearRect(x, y, width, height)方法：从点(x, y)开始清除一个宽度和高度分别为 width 和 height 的矩形区域。清除后的区域是透明的。

绘制和清除矩形的代码示例如图 6-11 所示。

```
1   var drawing = document.getElementById("draw");
2   if(drawing.getContext){
3       var context = drawing.getContext("2d");
4
5       // 绘制一个填充矩形（红色）
6       context.fillStyle = "#f00";
7       context.fillRect(10, 10, 50, 50);
8
9       // 绘制一个填充透明矩形（蓝色半透明）
10      context.fillStyle = "rgba(0, 0, 255, 0.5)";
11      context.fillRect(30, 30, 50, 50);
12
13      // 绘制一个矩形框（绿色边框）
14      context.fillStyle = "#f00";// 红色（设置了也不会填充）
15      context.strokeStyle = "#0f0";// 设置边框颜色（绿色）
16      context.strokeRect(60, 60, 50, 50);
17
18      // 清除一个指定的矩形区域（白色的小块）
19      context.clearRect(40, 40, 10, 10);// 清除后形成一个白色的区域
20  }
```

图 6-11　绘制和清除矩形的代码示例

绘制和清除矩形代码的运行结果如图 6-12 所示。

图 6-12　绘制和清除矩形代码的运行结果

（2）绘制路径

1）开启绘制模式

beginPath()方法：表示要开始绘制新路径了。

绘制路径的代码示例如图 6-13 所示。

```
1   var drawing = document.getElementById("draw");
2   if(drawing.getContext){
3       var context = drawing.getContext("2d");
4       // 开始绘制路径
5       context.beginPath();
6   }
```

图 6-13　绘制路径的代码示例

2）绘制路径的属性和方法

- moveTo(x, y)方法：将绘图游标移动到(x, y)处，不画线。
- lineTo(x, y)方法：从上一点开始绘制一条直线，到(x, y)为止。
- rect(x, y, width, height)方法：从点(x, y)开始绘制一个矩形，宽度和高度分别是 width

和 height。

- arc(x, y, radius, startAngle, endAngle, counterclockwise)方法：以(x, y)为圆心，绘制一条弧线。弧线半径为 radius。起始和结束的角度（用弧度表示）分别为 startAngle 和 endAngle。counterclockwise 用来指定绘制的方向，默认值为 false，表示按顺时针方向绘制路径。
- arcTo(x1, y1, x2, y2, radius)方法：从上一点开始绘制一条路径，到(x2, y2)为止，并且以给定的半径 radius 穿过(x1, y1)。
- bezierCurveTo(c1x, c1y, c2x, c2y, x, y)方法：从上一点开始绘制一条路径，到(x, y)为止，并且以(c1x, c1y)和(c2x, c2y)为控制点。
- quadraticCurveTo(cx, cy, x, y)方法：从上一点开始绘制一条二次曲线，到(x, y)为止，并且以(cx, cy)作为控制点。
- closePath()方法：将路径与起点相连，形成封闭图形。
- fillStyle 属性：用来设置填充封闭图形的背景颜色。
- strokeStyle 属性：用来设置路径的颜色。
- stroke()方法：用来给路径描边。

绘制路径属性的代码示例如图 6-14 所示。

```
1  var drawing = document.getElementById("draw");
2  if(drawing.getContext){
3      var ctx = drawing.getContext("2d");
4      // 开始绘制路径
5      ctx.beginPath();
6      // 画外圆
7      ctx.arc(100, 100, 99, 0, 2*Math.PI, false);
8      // 画内圆
9      ctx.moveTo(194, 100);// 创建路径的起始点
10     ctx.arc(100, 100, 94, 0, 2*Math.PI, false);
11     // 画分针
12     ctx.moveTo(100, 100);
13     ctx.lineTo(100, 15);
14     // 时针
15     ctx.moveTo(100, 100);
16     ctx.lineTo(35, 100);
17     // 描边
18     ctx.stroke();
19 }
```

图 6-14　绘制路径属性的代码示例

绘制结果如图 6-15 所示。

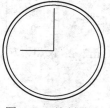

图 6-15　绘制结果

（3）绘制文本

- font 属性：表示文本的样式、大小及字体。用 CSS 的规则来指定，如 "10px Arial"。
- textAlign 属性：表示文本的对齐方式。可选值有"start"、"end"、"left"、"right" 和 "center"。建议使用 "start"和"end"，不建议使用"left"和"right"。
- textBaseline 属性：表示文本基线。可选值有"top"、"haging"、"middle"、"alphabatic"、 "ideographic" 和 "bottom"。
- strokeStyle 属性：用来指定路径的颜色。
- fillText()方法：填充文本。可以接收文本字符串、x 坐标、y 坐标和（可选的）最大 像素宽度 4 个参数。
- strokeText()方法：通过路径描边实现文本。可以接收文本字符串、x 坐标、y 坐标 和（可选的）最大像素宽度 4 个参数。

绘制文本的代码示例及运行结果如图 6-16 所示。

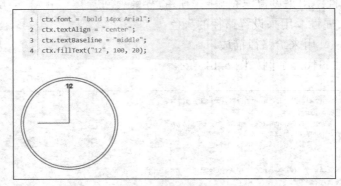

图 6-16　绘制文本的代码示例及运行结果

（4）变换

1）变换的语法

Rotate(angle)方法：围绕原点旋转图像 angle 弧度。

scale(scaleX，scaleY)方法：缩放图像。在 x 方向乘以 scaleX，在 y 方向上乘以 scaleY。 scaleX 和 scaleY 的默认值都是 1。

translate(x, y)方法：将坐标原点移动到(x, y)处。

transform(m1_1, m1_2, m2_1, m2_2, dx, dy)方法：将图像进行变换，方式是乘以如下 矩阵。

$$\begin{bmatrix} m1\_1 & m1\_2 & dx \\ m2\_1 & m2\_2 & dy \\ 0 & 0 & 1 \end{bmatrix}$$

setTransform(m1_1, m1_2, m2_1, m2_2, dx, dy)方法：将变换矩阵重置为默认状态，然 后重新调用 transform()方法。

2）变换的步骤

注意，变换要按照如下顺序进行。

第一步是"变换原点";

第二步是指定"变换弧度";

第三步是绘制要变换的元素。

变换代码示例如图 6-17 所示。

```
1   var drawing = document.getElementById("draw");
2   if(drawing.getContext){
3       var ctx = drawing.getContext("2d");
4       // 开始绘制路径
5       ctx.beginPath();
6       // 画外圆
7       ctx.arc(100, 100, 99, 0, 2*Math.PI, false);
8       // 画内圆
9       ctx.moveTo(194, 100);// 创建路径的起始点
10      ctx.arc(100, 100, 94, 0, 2*Math.PI, false);
11      // 绘制文本
12      ctx.font = "bold 14px Arial";
13      ctx.textAlign = "center";
14      ctx.textBaseline = "middle";
15      ctx.fillText("12", 100, 20);
16
17      // 变换原点
18      ctx.translate(100, 100);
19
20      // 旋转表针
21      ctx.rotate(1);
22
23      // 画分针
24      ctx.moveTo(0, 0);
25      ctx.lineTo(0, -85);
26      // 时针
27      ctx.moveTo(0, 0);
28      ctx.lineTo(-65, 0);
29      // 描边
30      ctx.stroke();
31  }
```

图 6-17 变换代码示例

变换对应结果如图 6-18 所示。

图 6-18 变换对应结果

6.4 使用 WebGL 绘制 3D 图形

1. 了解 WebGL

WebGL 是一种在网页浏览器中实现硬件加速 2D 和 3D 图形的技术。它是基于 OpenGL ES 2.0 标准开发的,可以通过 JavaScript API 来访问。因为它是一个开放的标准,所以可

以在任何支持 WebGL 的浏览器上运行。

2．创建 WebGL 上下文

要使用 WebGL，我们需要先创建一个 WebGL 上下文。这可以通过在 HTML 文档中添加一个 Canvas 元素，并在 JavaScript 代码中调用 getContext 函数来完成，具体代码如下。

```javascript
var canvas = document.getElementById("myCanvas");
var gl = canvas.getContext("webgl");
```

3．设置视口和背景色

接下来，我们需要设置视口（viewport）和背景色。视口定义了我们要渲染的区域，背景色定义了我们要渲染的颜色，具体代码如下。

```javascript
gl.viewport(0,0,canvas.width,canvas.height);
gl.clearColor(0.0,0.0,0.0,1.0);
gl.clear(gl.COLOR_BUFFER_BIT);
```

4．绘制图形

现在我们已经准备好开始绘制图形了。WebGL 支持多种不同类型图形的绘制，包括点、线和三角形等。在本例中，我们将绘制一个矩形，具体代码如下。

```javascript
var vertices = [ -0.5,0.5,0.0, -0.5,-0.5,0.0, 0.5,-0.5,0.0,0.5,
0.5,0.0];
var indices = [0,1,2,0,2,3];
var vertexBuffer = gl.createBuffer();
gl.bindBuffer(gl.ARRAY_BUFFER, vertexBuffer);
gl.bufferData(gl.ARRAY_BUFFER, new Float32Array(vertices), gl.STATIC_DRAW);
var indexBuffer = gl.createBuffer();
gl.bindBuffer(gl.ELEMENT_ARRAY_BUFFER, indexBuffer);
gl.bufferData(gl.ELEMENT_ARRAY_BUFFER, new Uint16Array(indices), gl.STATIC_
    DRAW);
var positionAttributeLocation = gl.getAttribLocation(program,"a_position");
gl.enableVertexAttribArray(positionAttributeLocation);
gl.vertexAttribPointer(positionAttributeLocation,3, gl.FLOAT, false,0,0);
gl.drawElements(gl.TRIANGLES, indices.length, gl.UNSIGNED_SHORT,0);
```

5．着色器程序

WebGL 使用着色器程序来确定如何渲染图形。着色器程序是一组编写在 OpenGL Shading Language（GLSL）中的函数，它们告诉 WebGL 如何处理顶点和像素数据，具体代码如下。

```javascript
var vertexShaderSource = attribute vec3 a_position;
void main(){gl_Position = vec4(a_position,1.0);}};
var fragmentShaderSource = precision mediump float;
void main(){gl_FragColor = vec4(1.0,0.0,0.0,1.0);}};
var vertexShader = gl.createShader(gl.VERTEX_SHADER);
gl.shaderSource(vertexShader, vertexShaderSource);
pileShader(vertexShader);
var fragmentShader = gl.createShader(gl.FRAGMENT_SHADER);
gl.shaderSource(fragmentShader,fragmentShaderSource);pileShader(fragmentShader);
var program = gl.createProgram();gl.attachShader(program, vertexShader);
gl.attachShader(program, fragmentShader);
gl.linkProgram(program);gl.useProgram(program);
```

6. 保存图片

现在我们已经绘制了一个矩形，接下来我们需要将其保存为一张图片。为此，我们需要使用 Canvas 的 toDataURL 方法，具体代码如下。

```javascript
var dataURL = canvas.toDataURL("image/png");
```

7. 优化性能

WebGL 是一个非常强大的工具，但是在处理大量数据时可能会出现性能问题。为了优化性能，可以使用缓存和批处理等技术。

实训操作 ◢　HTML 制作可视化图表

柱形图/折线图的绘制，代码如下。

```html
<!DOCTYPE html>
<head>
    <meta charset="utf-8">
    <title>ECharts</title>
</head>
<body>
    <!-- 为 ECharts 准备一个具备大小(宽高)的 Dom -->
    <div id="main" style="width:80%;height:400px;margin: 0 auto"></div>
    <!-- ;margin-top:80px;控制距离顶部的距离 -->
    <div id="main2" style="width:80%;height:400px;margin: 0 auto"></div>
    <!-- ECharts 单文件引入 -->
    <script src="http://echarts.baidu.com/build/dist/echarts.js"></script>
    <script type="text/javascript">
        // 路径配置
        require.config({
            paths: {
                echarts: 'http://echarts.baidu.com/build/dist'
            }
        });

        // 使用
        require(
            [
                'echarts',
                'echarts/chart/bar', // 使用柱形图就加载 bar 模块，按需加载
                'echarts/chart/line'
            ],
            function (ec) {
                // 基于准备好的 dom，初始化 echarts 图表
                var myChart = ec.init(document.getElementById('main'));
                var myChart2 = ec.init(document.getElementById('main2'));

                var option = { //具体细节的描述
                        title: {
                            text: 'FAST 和 FAST_USP 算法运行时间对比(小阈值)',
```

```
            textStyle: { //主标题文本样式{"fontSize": 18,"font Weight":
                "bolder","color": " # 333"}
            fontSize: 14,
            fontStyle: 'normal',
            fontWeight: 'bold',
        },
    },
    tooltip: {
        trigger: 'axis'
    },
    legend: {
        data: ['FAST', 'FAST_USP']
    },
    toolbox: { //可以选择具体数据，柱形图、折线图，还原，保存图片的切换选择
        show: true,
        feature: {
            dataView: {
                show: true,
                readOnly: false
            },
            magicType: {
                show: true,
                type: ['line', 'bar'] //可选折线图和柱形图
            },
            restore: {
                show: true   //恢复默认
            },
            saveAsImage: {
                show: true //  存储为图片的功能
            }
        }
    },
    calculable: true,
    xAxis: [{
        type: 'category',
        //name: 'min_sup(%)'
        data: ['0.35', '0.3', '0.25', '0.2', '0.15','0.1'],
            name: 'min_sup(%)',
            position: 'left'
    }],
    yAxis: [{
        type: 'value',
            name: '运行时间(s)',
            position: 'left'
    }],
    series: [{
            name: 'FAST',
            type: 'line',// bar
            data: [3.7, 4.2, 4.8, 5.6,7.9,18.2],
            color: ' # CC0066'
```

```
        },
        {
            name: 'FAST_USP',
            type: 'line',//bar
            data: [1.6, 1.8, 2.0, 2.3,2.8,6.7],
            color: ' # 009999'
        }
    ]
};

var option2 = {
    title: {
        text: 'FAST 和 FAST_ USP 算法运行时间对比 (大阈值) ',
        textStyle: { //主标题文本样式{"fontSize": 18,"fontWeight":
            "bolder", "color": " # 333"}
            fontSize: 14,
            fontStyle: 'normal',
            fontWeight: 'bold',
        },
    },
    tooltip: {
        trigger: 'axis'
    },
    legend: {
    data: ['FAST', 'FAST_USP']
    },
    toolbox: {
        show: true,
        feature: {
            dataView: {
            show: true,
            readOnly: false
            },
            magicType: {
            show: true,
            type: ['line', 'bar']
                },
                restore: {
                show: true
            },
                saveAsImage: {
                    show: true
                }
            }
        },
            calculable: true,
            xAxis: [{
                type: 'category',
                //name: 'min_sup(%)'
                data: ['1.2', '1.0', '0.8', '0.6','0.4','0.2'],
```

```
                    name: 'min_sup(%)',
                    position: 'left'
                }],
                yAxis: [{
                    type: 'value',
                    name: '运行时间(s)',
                    position: 'left'
                }],
                series: [{
                    name: 'FAST',
                    type: 'bar',
                    data: [19.5, 19.8, 21.7, 25.1,32.5,48.9],
                    color: ' # CC0066'
                },
                {
                    name: 'FAST_USP',
                    type: 'bar',
                    data: [15.0, 16.6, 17.3, 17.4,19.6,22.7],
                color: ' # 009999' // 设置颜色
                }
            ]
        };
        // 为echarts对象加载数据
        myChart.setOption(option);
            myChart2.setOption(option2);
        }
    );
    </script>
</body>
```

HTML 制作可视化图表的结果如图 6-19 所示。

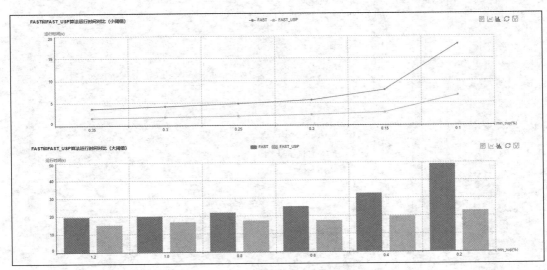

图 6-19　HTML 制作可视化图表的结果

第 7 章 数据可视化中的交互

❦ 导读案例 ❦ 交互式可视化

交互式可视化是计算机科学和编程领域的专有名词，是一种专注于图形可视化并改进信息呈现效果，或与信息交互的方式。商业智能（BI）工具所使用的图形显示也称图形可视化。大多数情况下，这些可视化构成了交互式仪表板的一部分，因为它们可用于提供一种快速简便的洞察方法，用于理解基于不断变化的数据。交互式的可视化必须具有与人们进行交互的方式，如单击按钮、移动滑块，以及足够短的响应时间，以显示输入和输出之间的真实关系。

❦ 知识准备 ❦ 前端 JS 数据交互

随着 Web 应用的快速发展，可视化已成为业务逻辑的一个重要组成部分。

JavaScript（简称 JS）作为一种广泛应用于 Web 开发的编程语言，可用于实现各种类型的图表、数据可视化、交互式动画等功能。

本章将介绍使用 JavaScript 实现可视化的基本知识和技术，以期为这方面的实践提供一些帮助。

7.1 JS 如何实现数据可视化

1. 跨浏览器可视化

当我们进行可视化开发时，一个重要的限制是跨浏览器兼容性。每个浏览器都有自己的呈现引擎和支持某些特性的限度，因此我们需要采用一种技术来确保我们的代码在所有浏览器上都能正常工作。

这时，可以考虑使用 D3.js 这样的 JavaScript 库。D3.js 是一个功能强大、灵活且易于使用的库，它提供了一个强大的可视化框架，可以用于构建各种类型的图表。

另外一个跨浏览器可视化的选项是使用 SVG。SVG 是一种基于可扩展标记语言（Extensible Markup Language，XML）的矢量图形格式，支持在浏览器中进行可缩放的图形绘制。因为 SVG 可以通过 HTML 或 JavaScript 动态创建和修改，所以它是一个强大的跨浏览器可视化解决方案。

2．数据工作

当我们开始设计一个可视化项目时，首先需要考虑的是项目的数据工作。也就是说，我们需要根据项目的特点来确定我们想要呈现的数据，并将其转换为可供处理的形式。

如果数据已经以特定的格式提供，我们需要将其转换为我们希望使用的格式。例如，我们可能需要将数据从 CSV 格式转换为 JSON 格式。

另外一个重要的数据工作是预处理。这是指根据数据的特点进行必要的排序、筛选、平均化、合并和转换等操作，以保持数据的合理性和可处理性。例如，如果我们正在呈现一组股票价格数据，我们就需要对这些数据进行平滑处理，以便能够更好地表示价格趋势。

3．基本图表类型

在开始实现可视化之前，我们需要了解一些基本的图表类型。这将有利于我们根据需要选择最合适的类型，并帮助我们更好地理解如何使用特定类型的图表来呈现数据。

基本的图表类型包括折线图、柱形图、饼图等，这些基本图表类型在第 2 章中有相关的介绍。

4．交互性

可视化的一个重要方面是交互性。一个好的可视化项目应该支持用户与数据进行交互，并且可以让用户探索数据，发现模式和趋势。

以下是一些常见的交互示例。

① 鼠标悬停：当用户将鼠标悬停在某个区域时，可以显示一些额外的信息，例如该区域的值或该区域所代表的数据类别。

② 单击：用户可以通过单击各种数据元素来触发不同的行动。例如，用户可以单击数字或柱子以查看更详细的信息。

③ 缩放：用户可以通过滚动鼠标滚轮来缩放图表。这可以让用户更好地探索数据，以发现更多的模式和趋势。

④ 拖动：用户可以通过拖动图表来改变其视图。例如，用户可以通过拖动图表来改变时间范围或重新排序数据。

7.2 JS 基础库的使用

1．前端工具类库

jQuery 是一个快速、小型且功能丰富的 JavaScript 库，它使 HTML 文档的遍历和操作、事件处理、动画、异步 JavaScript 等变得更加简单。jQuery 库不但简化了代码，而且提供出色的跨浏览器支持，其极大地提高了 Web 开发人员的工作效率。除了 jQuery，其实还有许多库和框架可供 JavaScript 开发人员使用。前端开发常用的工具库有 jQuery、Lodash、Moment.js、Day.js。

2．Lodash 库

Lodash 库和 Underscore 库都是非常实用的 JavaScript 工具库，它们提供了非常多的可对数字、字符串、数组、对象等进行相关操作的函数，这些函数可以简化 JavaScript 代码的编写，提高我们的开发效率。这些库非常适合如下操作：迭代数组、对象和字符串，操作和测试值、创建复合函数。

Lodash 是 Underscore 的一个分支，遵循 Underscore 的 API，但在底层已完全重写过。对于字符串、数组、对象等 Lodash 提供了跨环境迭代的支持。

Lodash 还添加了许多 Underscore 没有提供的特性和功能，例如：提供 AMD 支持、深度克隆、深度合并、更好的性能、大型数组和对象迭代的优化等，如今的 Lodash 足以成为 Underscore 替代品。

Lodash 从第 4 个版本开始放弃对 IE9 以下版本浏览器的支持。

（1）Lodash 库的安装

在代码中直接引入，具体方法如下。

```
<script src = "https://cdn.bootcss.com/lodash.js/4.17.15/lodash.min.js"></script>
```

（2）Lodash 库的字符串与数组处理函数

① 字符串（String）处理函数

_.camelCase(string)：转换字符串为驼峰写法。

_.capitalize(string)：转换字符串首字母为大写，剩下的为小写。

_.endsWith(string, target)：检查字符串是否以给定的 target 字符串结尾。

_.padStart(str, length,char)：如果字符串长度小于 length，则在左侧填充字符。如果超出 length 长度，则截断超出的部分。

_.trim(string, chars)：从字符串中移除前面和后面的空格或指定的字符。

② 数组（Array）处理函数

_.first(arr, level)：获取 array 中的第一个元素。

_.last(arr, [n = 1])：获取 array 中的最后一个元素。

_.uniq(arr)：创建一个去重后的 array 数组副本。返回新的去重后的数组。

_.compact(arr)：创建一个新数组，包含原数组中所有的非假值元素。返回过滤掉假值的新数组。

_.flatten(arr)：减少一级 array 嵌套深度。返回新数组。

（3）Lodash 库的对象与集合处理函数

① 对象处理函数

_.pick(object, [props])：用从 object 中选中的属性来创建一个对象。返回新对象。

.omit(object, [props])：反向版.pick，删除 object 对象的属性。返回新对象。

_.clone(value)：支持复制 arrays、booleans、date、map、numbers、Object、sets、strings、symbols 等。参数对象的可枚举属性会复制为普通对象（注：也叫浅复制）。返回复制后的值。

.cloneDeep(value)：这个方法类似.clone，但它会递归复制 value（注：也叫深复制）。返回复制后的值。

② 集合（Array | Object）处理函数

_.sample()：从 collection（集合）中获得一个随机元素。返回随机元素。

_.orderBy():给数组排序，默认是升序 asc。

.each()/.forEach()：遍历（集合）中的每个元素。

_.filter()：返回一个新的过滤后的数组。

（4）其他函数

_.curry()：返回新的 Currying（柯里化）函数。

_.debounce()：返回新的 debounced（防抖动）函数。

_.throttle()：返回节流的函数。

Lodash 库的使用方法举例如下。新建 HTML 文件，输入以下代码。

```html
<!DOCTYPE html>
<html lang = "en">
<head>
  <meta charset = "UTF-8">
  <meta http-equiv = "X-UA-Compatible" content = "IE = edge">
  <meta name = "viewport" content = "width = device-width, initial-scale = 1.0">
  <title>Document</title>
</head>
<body>

  <!--
    window._ = Lodash 函数
  -->
  <script src = "https://cdn.bootcss.com/lodash.js/4.17.15/lodash.min.js">
  </script>
  <script>
    // 打印一下 _
    console.log("%O", _)
    console.log(_.VERSION) // 查看 Lodash 的版本号

    console.log(_.join([2023, 08, 23], '-'))

    // ====================
    // 获取随机数
    console.log( _.random(5)  )  // 0-5
    console.log( _.random(5, 10)  )  // 5 - 10

    // ====================

    // 将字符串转成驼峰命名形式
    console.log( _.camelCase(' foo bar '))
    console.log( _.camelCase('--foo-bar--'))

    console.log( _.capitalize('foo bar'))

    console.log(_.endsWith('logo.jpeg', '.png'))
    console.log(_.padStart('9', 2, '0'))    // 1 -> 01

    // ====================
```

```
    // 1.数组去重
    // console.log( _.uniq(colors))

    // 2.扁平化
    // console.log( _.flatten(colors))

    // 3.去除数组中假的值
    console.log(_.compact([1, 2, {}, '', 0, null, undefined, false, 'red']))

    console.log(_.orderBy([1,33,21,0,32,2]))
    // ====================
    var user = {
      name: 'liujun',
      age: '17',
      height: '1.66',
      friends: [
        'Evan',
        'John',
        'Mark',
        'Jack',
        'David'
      ]
    }
    // console.log( _.pick(user, ['name', 'friends']))
    // console.log( _.omit(user, ['name', 'friends']))

    // console.log( _.clone(user))
    console.log( _.cloneDeep(user))   // 深复制
  </script>
</body>
</html>
```

保存文件后打开控制台，可以看到结果如图 7-1 所示。

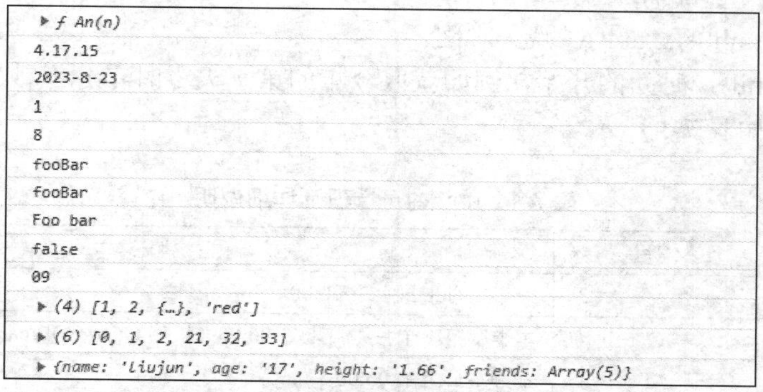

```
▶ ƒ An(n)
4.17.15
2023-8-23
1
8
fooBar
fooBar
Foo bar
false
09
▶ (4) [1, 2, {…}, 'red']
▶ (6) [0, 1, 2, 21, 32, 33]
▶ {name: 'liujun', age: '17', height: '1.66', friends: Array(5)}
```

图 7-1　Lodash 库应用举例的执行结果

3．Moment.js 库和 Day.js 库

Moment.js 库在官网的介绍如下。

① Moment.js 是一个 JavaScript 库，可以帮助我们快速处理时间和日期，已在数百万的项目中使用。

② Moment.js 对浏览器的兼容性比较好，例如在 Internet Explorer 8+版本运行良好。

③ 现在比较多的人反对使用 Moment.js 是因为它的数据包太小。Moment.js 不适用于 "tree-shaking" 算法，这样会增加 Web 应用程序包容量的大小。如果需要国际化或时区支持，Moment.js 可以变得相当大。

④ Moment.js 团队也希望我们在未来的新项目中不要使用 Moment.js。而推荐使用其他的替代品。例如 Day.js。

Day.js 库在官网的介绍如下。

①Day.js 是 Moment.js 的缩小版。Day.js 拥有与 Moment.js 相同的 API，并将其文件减少了 97%。Moment.js 完整压缩文件的大小为 67+KB，Day.js 压缩文件只有 2 KB。

② Day.js 所有的 API 操作都将返回一个新的 Day.js 对象，这种设计能避免 bug 产生，减少调试时间。

③ Day.js 对国际化支持良好。国际化需手动加载，多国语言默认是不会被打包到 Day.js 中的。

（1）Day.js 库的安装

下载源码引入，具体方法如下。

```
<script src = "https://unpkg.com/dayjs@1.8.21/dayjs.min.js"></script>
```

（2）Day.js 的获取、设置、操作时间相关函数

获取（Get）与设置（Set）时间的函数如下。

① .year()、.month、.date()：获取年、月、日。

② .hour()、.minute()、.second()：获取时、分、秒。

③ .day()：获取星期几。

④ .format()：格式化日期。

操作日期和时间的函数如下。

① .add(numbers, unit)：添加时间。

② .subtract(numbers, unit)：减去时间。

③ .startOf(unit)：时间的开始，例如获取今年的第一天零时零分零秒。参数 unit 的可选项及详细说明如表 7-1 所示。

表 7-1 unit 的可选项及详细说明

unit 可选项	缩写	说明
year	y	今年 1 月 1 日上午 00:00
quarter	Q	本季度第 1 个月 1 日上午 00:00（依赖 QuarterOfYear 插件）
month	M	本月 1 日上午 00:00
week	W	本周的第 1 天上午 00:00（取决于国际化设置）
isoweek		本周的第 1 天上午 00:00（根据 ISO 8601）（依赖 IsoWeek 插件）
date	D	当天 00:00
day	d	当天 00:00

续表

unit 可选项	缩写	说明
hour	h	当前时间，0 分、0 秒、0 毫秒
minute	m	当前时间，0 秒、0 毫秒
second	s	当前时间，0 毫秒

Day.js 库的使用方法举例如下。新建 html 文件，输入以下代码。

```
<!DOCTYPE html>
<html lang = "en">
<head>
  <meta charset = "UTF-8">
  <meta http-equiv = "X-UA-Compatible" content = "IE = edge">
  <meta name = "viewport" content = "width = device-width, initial-scale = 1.0">
  <title>Document</title>
</head>
<body>

  <!--
    window.dayjs = 工厂函数
  -->
<script src = "https://unpkg.com/dayjs@1.8.21/dayjs.min.js"></script>
<script>
  dayjs().format()
</script>
  <script>
    // console.log("%O", dayjs)
    console.log("%O", dayjs())          // 创建 Day.js 对象
    console.log(dayjs().format())       // 获取当前的时间

  </script>

</body>
</html>
```

保存文件后打开控制台，可以看到的结果如图 7-2 所示。

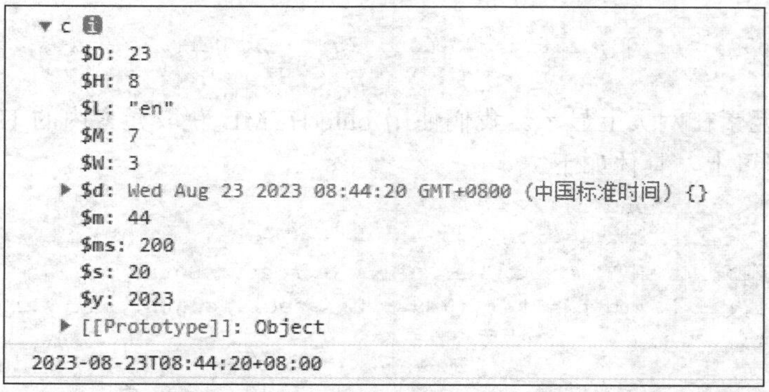

```
▼ c i
    $D: 23
    $H: 8
    $L: "en"
    $M: 7
    $W: 3
  ▶ $d: Wed Aug 23 2023 08:44:20 GMT+0800 (中国标准时间) {}
    $m: 44
    $ms: 200
    $s: 20
    $y: 2023
  ▶ [[Prototype]]: Object
2023-08-23T08:44:20+08:00
```

图 7-2　Day.js 库的示例执行结果

7.3 使用 JS 创建基础图表

1. JavaScript 直方图

日常生活中我们一般采用一组矩形来表示直方图。在 JavaScript 里同样可以使用矩形来表示。

① 画直方图首先要准备一张 "纸"，也就是 HTML 里的 SVG——准备画布，具体代码如下。

```
var w = window.innerwidth
    || document.documentElement.clientwidth
    || document.body.clientwidth;//设置 svg 的 width (列出三种是为了使不同的 Wed 浏览器
都可以识别)
var h = window.innerHeight
    ||document.documentElement.clientHeight
    ||document.body.clientHeight;//同样的，设置 svg 的 height

var svg = document.getElementById( "mysvg");
svg.setAttribute("width", w);
svg.setAttribute("height", h);
```

② 添加矩形。SVG 提供了<circle>、<ellipse>、<line>、< polyline>、<rect>、<polygon>6
种基本的图形元素和<path>路径元素。可以对各种类型的几何图元进行描述。我们使用以下代码来添加一组表示矩形元素的变量。

```
var rect = new Array(10);
```

然后我们需要用函数 createElement()将 rect 中的每一个变量添加到 SVG 的元素中，具体代码如下。

```
for (var i = 0; i < 10; i++) {
    rect[i] = document.createElement("rect");
    svg.appendChild(rect[i]);
}
```

矩形元素添加后，我们再添加一组矩形高度的变量来表示直方图的数据，具体代码如下。

```
var height = [387, 361.02, 276.7, 250.19, 250.02, 201.7, 177.16, 161.05, 156.16,
148.17];
```

③ 将矩形元素在网页上显示。我们使用 outerHTML 获取元素内的 HTML 内容和文本，并显示在网页上，具体如下。

```
for(var I = 0;i<rect.length;i ++ )
{
    rect[i].outerHTML = "<rect x=" + (i * w / rect.length) + " y = " +
    (h-height[i]) + " width = " + (0.9 * w / rect.length) + " height = " +
height[i] + ">";
}
```

设置矩形的 x 坐标、y 坐标、宽度和高度。注意，HTML 的坐标(0,0)是在网页的左上角。代码里写的是（h-height[i]），这是为了让每个矩形的底部位于同一水平线上，符合常规认知。

以上步骤完成后，得到如图 7-3 所示的 JavaScript 直方图。

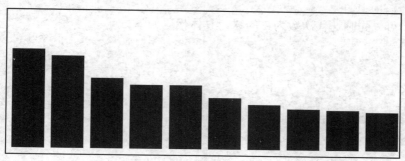

图 7-3　JavaScript 直方图

最后上色并添加数据标签，得到如图 7-4 所示的直方图。

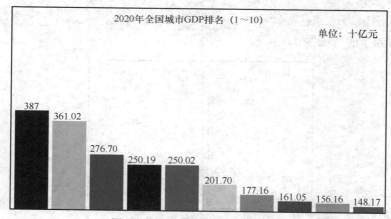

图 7-4　添加数据标签后的直方图

2. 分型二叉树

① 添加画布，并设置宽和高，具体代码如下。

```
<svg id = "mysvg"></svg>
<script>
    ...
    var w = window.innerwidth
        || document.documentElement.clientwidth
        || document.body.clientwidth;
    var h = window.innerHeight
        || document.documentElement.clientHeight
        || document.body.clientHeight;
    var mysvg = document.getElementById("mySvg"); //添加画布
    w = w * 0.98;
    h = h * 0.98;
```

```
    //设置画布的宽、高
    mysvg.setAttribute("width", w);
    mysvg.setAttribute("height", h);
    ...
</script>
```

② 我们可以先画迭代次数为 1 的树，具体代码如下。

```
// 设置树的初始点
var x0 = w / 2;
var y0 = h;
// 设置枝干长度
var L = 500;
// 设置衰减率
var rate = 0.7;
// 设置终点
var x2 = x0 + L * rate * Math.random() * Math.cos(a);
var y2 = y0 + L * rate * Math.random() * Math.sin(a);
var svgline = document.createElement("line");
mysvg.appendChild(svgline);
// 画"枝干"
svgline.outerHTML = "<line x1=" + x0 + "y1=" + y0 + "×2=" + x2 + "y2=" + y2 + "/>";
```

迭代次数为 1 的树如图 7-5 所示。

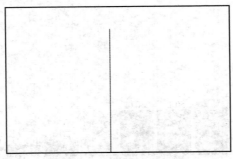

图 7-5　迭代次数为 1 的树

③ 迭代次数为 2 的树如图 7-6 所示。

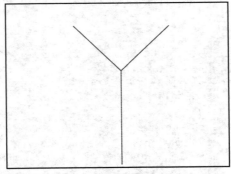

图 7-6　迭代次数为 2 的树

我们可以把这一块做一点处理，写成以下函数。

```
function show(x0, y0, L, rate, a, count) {
    var x1 = x0;
    var y1 = y0;
    var r = 1;
    //var r = Math.random();
    //设置"枝干"终点坐标
    var x2 = x1 + L * rate * r * Math.cos(a);
    var y2 = y1 + L * rate * r * Math.sin(a);
    var svgline = document.createElement("line");
    mysvg.appendChild(svgline);
    //iter++;
    //stroke: 设置颜色。stroke-width: 设置 svgline 的宽度，理解为"枝干"的粗细程度
    svgline.outerHTML = " <line x1 = " + x1 + " y1 = " + y1 + " x2 = " +
    x2 + " y2 = " + y2 + " style = 'stroke:rgb(50,100,0);stroke-width: " +
    (count) + "' />";
    //设置角度
    var aL = a - Math.PI / 4;
    var aR = a + Math.PI / 4;
    if (count > 0) {
        show(x2, y2, L * rate, rate, aL, count - 1);//显示左枝
        show(x2, y2, L * rate, rate, aR, count - 1);//显示右枝
    }
}
show(x0, y0, L * rate, rate, -Math.PI / 2, count);//调用函数
```

④ 迭代多次的树如图 7-7 所示。

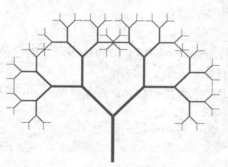

图 7-7 迭代多次的树

⑤ 添加随机性。我们可以给这棵树添加一些随机性的东西，让它看起来比较自然。添加一个变量 r，具体如下。

```
var r = Math.random();
var x2 = x1 + L * rate * r * Math.cos(a);
var y2 = y1 + L * rate * r * Math.sin(a);
```

同时也改变了迭代角度，具体如下。

```
var aL = a - Math.PI / 7;
var aR = a + Math.PI / 7;
```

添加随机性后的树如图 7-8 所示。

图 7-8　添加随机性后的树

7.4　利用 JS 实现交互式图表

我们以条形图为例，具体步骤如下。

1. 准备数据

创建大多数图表时，只需提供 x 轴和 y 轴的值即可。创建条形图时，只需提供 y 轴的值，并用索引编号或项目编号来表示 x 轴的值。

例如，如果我们以数组格式准备数据，x 是项目编号，y 是数据值，具体如下。

```
var data = [120, 60, 30, 80, 50];
  // X is item numbers [0,1,2,3,4,5]
  // Y is the data values
```

2. 连接到图表库

要连接到首选的 JavaScript 图表库，我们可以选择下载相关软件包并将其存储在本地或使用 CDN（Content Delivery Network，内容分发服务）。通常建议使用 CDN，因为它允许我们从最靠近受众的服务器加载库的文件，从而提供快速的页面加载速度和强大的性能。AnyChart 使用基于模块的系统，使我们只能连接项目中所需的图表类型和功能，从而缩小了应用程序上运行的代码大小。例如，如果我们想使用 AnyChart JS 创建条形图，就需要添加以下 Core 和基本笛卡儿模块。

```
<script src = "https://cdn.anychart.com/releases/v8/js/anychart-core.min.js">
</script>
<script src = "https://cdn.anychart.com/releases/v8/js/anychart-cartesian.min.js">
</scri
```

3．编写代码

以下是编写一些用于创建基本 JS 条形图的代码步骤。

① 首先在 HTML 页面上创建一个引用条形图的容器，具体如下。

```
<div id = "container"></div>
```

② 然后输入准备的数据（注意，数据由某些网站每分钟收到的网络流量的任意值组成），具体如下。

```
var data = [
        {x: 'Amazon', y: 120},
        {x: 'DZone', y: 60},
        {x: 'Gizmodo', y: 30},
        {x: 'StackOverFlow', y: 80},
        {x: 'CNET', y: 50}
];
```

③ 其次根据适用的图表构造函数来定义我们想要创建的图表类型，具体如下。

```
var chart = anychart.bar();
```

④ 设置图表和轴的标题，具体如下。

```
chart.title('Website Traffic Stats');
chart.xAxis().title("Website");
chart.yAxis().title("Traffic Per Minute");
```

⑤ 创建一个条形系列并传递数据，具体如下。

```
var series = chart.bar(data);
```

⑥ 将图表指向我们创建的 container id.，具体如下。

```
chart.container("container");
```

⑦ 绘制条形图，具体如下。

```
chart.draw();
```

图表在浏览器上的外观如图 7-9 所示。

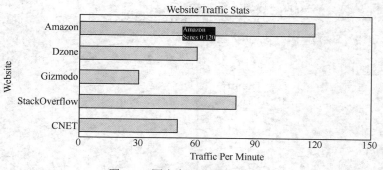

图 7-9　图表在浏览器上的外观

4．添加交互性

默认情况下，使用 AnyChart 库创建的 JS 图表是交互式的。一些默认图表行为包括悬停时突出显示系列和点、显示悬停点的工具提示、悬停时突出显示系列的相应图例、单击相应图例项时显示或隐藏系列等。此外，我们可以修改图表的默认交互性，以满足需求和偏好。

实训操作　使用 JavaScript 制作可视化图表

绘制条形图，具体代码如下。

```html
<!DOCTYPE html>
<html>
<head>
    <title>Bar Chart Example</title>
    <script src = "https://d3js.org/d3.v7.min.js"></script>
</head>
<body>
    <div id = "barchart"></div>
    <script>
        // 定义数据
        var data = [
            { category: "A", value: 10 },
            { category: "B", value: 20 },
            { category: "C", value: 30 },
            { category: "D", value: 40 },
            { category: "E", value: 50 }
        ];

        // 创建画布
        var margin = { top: 20, right: 20, bottom: 20, left: 20 };
        var width = 500 - margin.left - margin.right;
        var height = 400 - margin.top - margin.bottom;

        var svg = d3.select("#barchart")
                    .append("svg")
                    .attr("width", width + margin.left + margin.right)
                    .attr("height", height + margin.top + margin.bottom)
                    .append("g")
                    .attr("transform", "translate(" + margin.left + "," +
    margin.top + ")");

        // 创建比例尺
        var xScale = d3.scaleBand()
                    .domain(data.map(function(d) { return d. category; }))
                    .range([0, width])
                    .padding(0.1);

        var yScale = d3.scaleLinear()
                    .domain([0, 50])
                    .range([height, 0]);

        // 绘制条形图
        svg.selectAll(".bar")
          .data(data)
          .enter()
          .append("rect")
```

```
            .attr("class", "bar")
            .attr("x", function(d) { return xScale(d.category); })
            .attr("y", function(d) { return yScale(d.value); })
            .attr("width", xScale.bandwidth())
            .attr("height", function(d) { return height – yScale (d.value); });
    </script>
</body>
</html>
```

使用 JavaScript 制作的条形图如图 7-10 所示。

图 7-10　使用 JavaScript 制作的条形图

第 8 章　大屏数据可视化

🐚 **导读案例** 🐚　　零售数据驾驶舱

零售数据驾驶舱包括热门手机销量排行、新增会员信息、销售数据、消费占比、商品销售统计数量共计六大图表模块，效果如图 8-1 所示，其中部分图是动图。

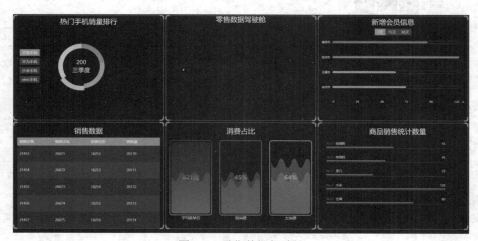

图 8-1　零售数据驾驶舱

接下来本章将围绕零售数据驾驶舱大屏项目讲解如何使用 Vue[①] 中的 DataV 组件库快速实现可视化大屏。

🐚 **知识准备** 🐚　　手把手实现可视化大屏

8.1　DataV 介绍

DataV 组件库基于 Vue（React 版），主要用于构建大屏数据展示页面（即数据可视化），

———————————

① 　Vue 是一款用于构建用户界面的 JavaScript 框架。

具有多种类型组件可供使用，具体介绍如下。

① 边框，带有不同边框的容器。

② 装饰，用来点缀页面效果，增加视觉效果。

③ 图表，图表组件基于 Charts 封装，轻量，易用。

④ 其他组件，包括飞线图/水位图/轮播表/胶囊图/锥形图/数字翻牌器/排名轮播表等。

使用前必须注意如下事项。

① 兼容性：组件库的开发和调试都使用 Chrome 浏览器。

② 宽度异常：组件的默认宽高都是 100%，可以根据父容器宽高进行自适应，但在某些情况下组件宽高可能表现异常，这是因为组件的父容器宽高发生了变化，而组件没有侦知这一变化。我们可以在组件上绑定 key 值，在更改父容器宽高且页面完成重绘后（使用 $nextTick），更新 key 值，使组件强制刷新，以获取正确宽高。

③ 状态更新：避免组件更新数据后，状态不刷新，即没变化。这里的组件 props 均未设置 deep 监听，刷新 props 时，请直接生成新的 props 对象（基础数据类型除外），或完成赋值操作后使用 ES6 拓展运算符生成新的 props 对象（this.someProps = { ...this.someProps }）。

具体更新数据示例如下。

```
<template>
  <div class = "update-demo">
    <dv-percent-pond :config = "config" style = "width:200px;height:100px;" />
  </div></template>
<script>export default {
  name: 'UpdateDemo',
  data () {
    return {
      config: {
        value: 66,
        lineDash: [10, 2]
      }
    }
  },
  methods: {
    // 更新数据的示例方法
    updateHandler () {
      const { config } = this
      /**
        * 只这样做是无效的
        * config 指向的内存地址没有发生变化
        * 组件无法侦知数据变化
        */
      this.config.value = 90
      this.config.lineDash = [10, 4]
      /**
        * 使用 ES6 拓展运算符生成新的 props 对象
```

```
    *  组件侦知数据变化，自动刷新状态
    */
    this.config = { ...this.config }
  }
}}</script>
```

DataV 组件库依赖 Vue，要想使用它，需先创建一个 Vue 项目。如果已有 Vue 项目或使用 UMD（Universal Module Definition）版开发可跳过此步骤。

安装 Vue/Cli 命令如下。

```
npm i -g @vue/cli
```

创建 Vue 项目，项目名称为 datav-project，命令如下。

```
vue create datav-project
```

安装 DataV 进入项目的根目录，命令如下。

```
cd datav-project
```

在项目下进行组件库安装，命令如下。

```
npm i @jiaminghi/data-view
```

引用组件：

```
//将自动注册所有组件为全局组件
Import dataV from '@jiaminghi/data-view'
Vue.use(dataV)
```

至此就可以正常使用 DataV 组件了。

8.2 全屏容器

数据可视化页面一般在浏览器中进行全屏展示。全屏容器将根据屏幕比例及当前浏览器窗口大小，自动进行缩放处理。浏览器全屏后，全屏容器将充满屏幕。

建议在全屏容器内使用百分比搭配 flex 进行布局，以便在不同的分辨率下得到较为一致的展示效果。

使用前请注意将 body 的 margin 设为 0，否则会引起计算误差，全屏后不能完全充满屏幕。

全屏容器使用代码示例如下。

```
<dv-full-screen-container>content</dv-full-screen-container>
```

8.3 Loading 加载

数据尚未加载完成时，可以显示 Loading 效果，增强用户体验。Loading 图如图 8-2 所示。

代码如下。

```
<dv-loading>Loading...</dv-loading>
```

图 8-2 Loading 图

8.4 边框

边框均由 SVG 元素绘制,体积轻量不失真,且使用极为方便。

1. 边框布局

边框组件默认宽高均为 100%,边框内部的节点将被 slot 插槽分发至边框组件下 class 为 border-box-content 的容器内,如有布局需要,请针对该容器布局,以免产生样式冲突,导致边框显示异常。

2. 注意事项

建议把边框内的节点封装成组件,以组件的形式置入边框。这是因为 slot 的渲染机制较为特殊,如果我们要在组件挂载后对边框内置入的节点进行页面渲染状态敏感的操作(获取 DOM 宽高、实例化 ECharts 图表等),可能会发生非预期的结果。如获取的 DOM 宽高为 0,封装成组件后可避免这种情况。

3. 重置高度

如果边框组件的父容器宽高发生了变化,而边框组件没有侦知这一变化,边框就无法自适应父容器宽高。针对这种情况,我们可以给边框绑定 key 值,在父容器宽高发生变化且完成渲染后更改 key 值,强制销毁边框组件实例并重新渲染,重新获取宽高。但这会造成边框内的组件同样被销毁重新渲染,这会带来额外的性能消耗,并导致组件状态丢失,此时我们可以调用组件内置的 initWH 方法去重置边框组件的宽高以避免销毁实例重新渲染带来的非预期副作用。

4. 自定义颜色

自定义颜色的代码如下。

```
<dv-border-box-1 :color = "['red', 'green']" backgroundColor = "blue" >dv-
border-box-1</dv-border-box-1>
```

边框的颜色属性与说明见表 8-1。

表 8-1 边框的颜色属性与说明

属性	说明	类型	可选值	默认值
color	自定义颜色	String	—	—
backgroundColor	背景色	String	—	—

color 属性支持配置两种颜色，一主一副。

颜色类型可以为颜色关键字、十六进制色、rgb 及 rgba。

DataV 中，边框共有 13 种样式，代码实现非常简单，只需修改后边的数字即可将边框修改为不同的样式，本节只展示部分样式，效果图如图 8-3～图 8-5 所示。

图 8-3　框图样式 1

图 8-3 所示边框的代码如下。

```
<dv-border-box-1>dv-border-box-1</dv-border-box-1>
```

图 8-4　边框图样式 2

图 8-4 所示边框的代码如下。

```
<dv-border-box-2>dv-border-box-2</dv-border-box-2>
```

图 8-5　边框图样式 3

图 8-5 所示边框的代码如下。

```
<dv-border-box-3>dv-border-box-3</dv-border-box-3>
```

8.5 图表

图表组件基于 Charts 封装，只需要将对应图表 option 数据传入组件即可。
当窗口发生宽高变化时，图表组件会重新计算宽高以便自适应。
图表组件示例效果图如图 8-6 所示。

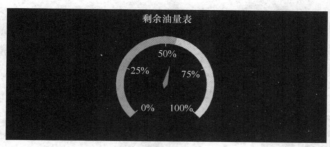

图 8-6 油量表

代码如下。

```
<dv-charts :option = "option" />
```

数据如下。

```
export default {
  title: {
    text: '剩余油量表',
    style: {
      fill: ' # fff'
    }
  },
  series: [
    {
      type: 'gauge',
      data: [ { name: 'itemA', value: 55 } ],
      center: ['50%', '55%'],
      axisLabel: {
        formatter: '{value}%',
        style: {
          fill: ' # fff'
        }
      },
      axisTick: {
        style: {
          stroke: ' # fff'
        }
```

```
        },
        animationCurve: 'easeInOutBack'
      }
    ]
  }
```

8.6 动态环图

动态环图示例如图 8-7 所示。

图 8-7　动态环图示例

代码如下。

```
<dv-active-ring-chart :config = "config" style = "width:200px;height:
200px" />
```

数据如下。

```
export default {
  data: [
    {
      name: '周口',
      value: 55
    },
    {
      name: '南阳',
      value: 120
    },
    {
      name: '西峡',
      value: 78
    },
    {
      name: '驻马店',
      value: 66
    },
    {
      name: '新乡',
      value: 80
    }
  ]}
```

动态环图的 config 属性与说明见表 8-2。

表 8-2 动态环图的 config 属性与说明

属性	说明	类型	可选值	默认值
radius	环半径	String|Number	'50%'|100	'50%'
activeRadius	环半径（动态）	String|Number	'55%'|110	'55%'
data	环数据	Array\<Object\>	data 属性	[]
lineWidth	环线条宽度	Number	—	20
activeTimeGap	切换间隔（单位为 ms）	Number	—	3000
color	环颜色	Array\<String\>	[1]	[]
digitalFlopStyle	数字翻牌器样式	Object	—	[2]
digitalFlopToFixed	数字翻牌器小数位数	Number	—	0
digitalFlopUnit	数字翻牌器单位	String	—	''
animationCurve	动效曲线	String	Transition	'easeOutCubic'
animationFrame	动效帧数	Number	[3]	50
showOriginValue	显示原始值	Boolean	—	false

注：

[1] 颜色支持 hex\|rgb\|rgba\|颜色关键字 4 种类型。

[2] digitalFlopStyle 用于配置内置的数字翻牌器样式，详情可查阅数字翻牌器，我们可以配置该项来设置数字翻牌器的文字颜色和大小。

[3] animationFrame 用于配置动画过程的帧数，即动画时长。

动态环图的 data 属性与说明见表 8-3。

表 8-3 动态环图的 data 属性与说明

属性	说明	类型	可选值	默认值
name	环对应名称	String	—	—
value	环对应值	Number	—	—

8.7 胶囊图

胶囊图示例如图 8-8 所示。

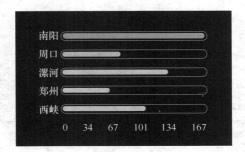

图 8-8　胶囊图示例

代码如下。

```
<dv-capsule-chart :config = "config" style = "width:300px;height:200px" />
```

数据如下。

```
export default {
  data: [
    {
      name: '南阳',
      value: 167
    },
    {
      name: '周口',
      value: 67
    },
    {
      name: '漯河',
      value: 123
    },
    {
      name: '郑州',
      value: 55
    },
    {
      name: '西峡',
      value: 98
    }
  ]
}
```

胶囊图的 config 属性与说明见表 8-4。

表 8-4　胶囊图的 config 属性与说明

属性	说明	类型	可选值	默认值
data	柱数据	Array<Object>	data 属性	[]
unit	单位	String	—	''
colors	环颜色	Array<String>	[1]	[2]

续表

属性	说明	类型	可选值	默认值
showValue	显示数值	Boolean	—	false

注:

[1] 颜色支持 hex|rgb|rgba|颜色关键字 4 种类型。

[2] 默认配色为['#37a2da', '#32c5e9', '#67e0e3', '#9fe6b8', '#ffdb5c', '#ff9f7f', '#fb7293']。

胶囊图的 data 属性与说明见表 8-5。

表 8-5　胶囊图的 data 属性与说明

属性	说明	类型	可选值	默认值
name	柱名称	String	—	—
value	柱对应值	Number	—	—

8.8 水位图

水位图示例如图 8-9 所示。

图 8-9　水位图示例

代码如下。

```
<dv-water-level-pond :config = "config" style = "width:150px;height:200px" />
```

数据如下。

```
export default {
  data: [66, 45],
  shape: 'roundRect'
}
```

水位图的 config 属性与说明见表 8-6。

表 8-6　水位图的 config 属性与说明

属性	说明	类型	可选值	默认值
data	水位位置[1]	Arrya\<Number\>	—	[]
shape	水位图形状	String	[2]	'rect'
colors	水位图配色	Array\<String\>	[3]	[4]
waveNum	波浪数量	Number	—	3
waveHeight	波浪高度	Number	—	40
waveOpacity	波浪透明度	Number	—	0.4
formatter	信息格式化	String	—	'{value}%'[5]

注:

[1] 可以有多个水位,但默认显示值最大的水位信息。

[2] 有 3 种形状可供选择:矩形(rect)、圆角矩形(roundRect)、圆形(round)。

[3] 颜色支持 hex|rgb|rgba|颜色关键字 4 种类型。

[4] 默认配色为['#00BAFF','#3DE7C9'],自动应用渐变色,若不想使用渐变色,请配置两个相同的颜色。

[5] 自动使用最大的水位值替换字符串中的'{value}'标记。

8.9　轮播表

轮播表可以单条轮播也可以整页轮播,支持单击事件,展示数据使用 v-html 渲染,因此我们可以传递 HTML 字符串,定制个性化元素。

轮播表组件内部没有设置深度监听参数,当数据变更时需生成新的参数,不然组件将无法刷新状态,具体如下。

```
this.config.data = ['foo', 'foo']是无效的
this.config = { data: ['foo', 'foo'] }才是有效的
```

轮播表示例如图 8-10 所示。

列1	列2	列3
行1列1	行1列2	行1列3
行2列1	行2列2	行2列3
行3列1	行3列2	行3列3
行4列1	行4列2	行4列3
行5列1	行5列2	行5列3

图 8-10　轮播表示例

代码如下。

```
<dv-scroll-board :config = "config" style = "width:500px;height:220px" />
```

数据如下。

```
export default {
  header: ['列1', '列2', '列3'],
  data: [
    ['行1列1', '行1列2', '行1列3'],
    ['行2列1', '行2列2', '行2列3'],
    ['行3列1', '行3列2', '行3列3'],
    ['行4列1', '行4列2', '行4列3'],
    ['行5列1', '行5列2', '行5列3'],
    ['行6列1', '行6列2', '行6列3'],
    ['行7列1', '行7列2', '行7列3'],
    ['行8列1', '行8列2', '行8列3'],
    ['行9列1', '行9列2', '行9列3'],
    ['行10列1', '行10列2', '行10列3']
  ]}
```

轮播表的 config 属性与说明见表 8-7。

表 8-7　轮播表的 config 属性与说明

属性	说明	类型	可选值	默认值
header	表头数据	Array\<String\>	—	[]
data	表数据	Array\<Array\>	—	[]
rowNum	表行数	Number		5
headerBGC	表头背景色	String	—	'#00BAFF'
oddRowBGC	奇数行背景色	String	—	'#003B51'
evenRowBGC	偶数行背景色	String	—	#0A2732
waitTime	轮播时间间隔（单位为 ms）	Number	—	2000
headerHeight	表头高度	Number	—	35
columnWidth	列宽度	Array\<Number\>	[1]	[]
align	列对齐方式	Array\<String\>	[2]	[]
index	显示行号	Boolean	true|false	false
indexHeader	行号表头	String		'#'
carousel	轮播方式	String	'single'|'page'	'single'
hoverPause	悬浮暂停轮播	Boolean	—	true

注：

[1] columnWidth 可以配置每一列的宽度，默认情况下每一列宽度相等。

[2] align 可以配置每一列的对齐方式，可选值有'left'|'center'|'right'，默认值为'left'。

单击事件的数据属性与说明见表 8-8。

表 8-8　单击事件的数据属性与说明

属性	说明	类型	可选值	默认值
row	所在行数据	Array<String>	—	—
ceil	单元格数据	Array<Array>	—	[]
rowIndex	行索引	Number	—	—
columnIndex	列索引	Number		

鼠标光标悬浮事件：当鼠标光标悬浮在某个单元格上时（表头不支持），轮播表将抛出一个鼠标光标悬浮事件，包含被悬浮单元格的相关数据（与单击事件数据相同）。

更新行数据方法如下：如果想要不断追加行数据，又不想从头开始轮播，可以使用此方法更新行数据，这样不会导致从头轮播，也可以设置下次滚动的起始行，示例代码如下。

```
/**
 * @param {string[][]} rows 更新后的行数据
 * @param {number} index 下次滚动的起始行 (可缺省)
 */
function updateRows(rows, index) {
  // ...
}


<template>
  <dv-scroll-board :config = "config" ref = "scrollBoard" />
</template>
<script>
export default {
  data () {
    return () {
      config: {}
    }
  },
  methods () {
    doUpdate () {
      this.$refs['scrollBoard'].updateRows(rows, index)
    }
  }
}
</script>
```

8.10　排名轮播表

排名轮播表同轮播表类似，也可以选择单条轮播或整页轮播。

排名轮播表示例如图 8-11 所示。

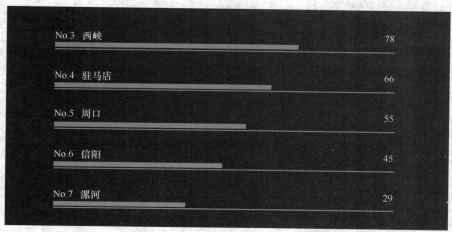

图 8-11　排名轮播表示例

代码如下。

```
<dv-scroll-ranking-board :config = "config" style = "width:500px;height: 300px" />
```

数据如下。

```
export default {
  data: [
    {
      name: '周口',
      value: 55
    },
    {
      name: '南阳',
      value: 120
    },
    {
      name: '西峡',
      value: 78
    },
    {
      name: '驻马店',
      value: 66
    },
    {
      name: '新乡',
      value: 80
    },
    {
      name: '信阳',
      value: 45
    },
    {
```

```
        name: '漯河',
        value: 29
      }
    ]
  }
```

排名轮播表的 config 属性与说明见表 8-9。

表 8-9　排名轮播表的 config 属性与说明

属性	说明	类型	可选值	默认值
data	表数据	Array<Object>	data 属性	[]
rowNum	表行数	Number	—	5
waitTime	轮播时间间隔（单位为 ms）	Number	—	2000
carousel	轮播方式	String	'single'|'page'	'single'
unit	数值单位	String	—	''
sort	自动排序	Boolean	—	true
valueFormatter	数值格式化	Function	—	undefined

排名轮播表的 data 属性与说明见表 8-10。

表 8-10　排名轮播表的 data 属性与说明

属性	说明	类型	可选值	默认值
name	名称	String	—	—
value	数值	Number	—	—

排名轮播表的 valueFormatter 参数属性与说明见表 8-11。

表 8-11　排名轮播表的 valueFormatter 参数属性与说明

属性	说明	类型	可选值	默认值
name	名称	String	—	—
value	数值	Number	—	—
percent	百分比	Number	—	—
ranking	排名	Number	—	—

注：name 属性使用 v-html 进行渲染，因此我们可以使用 HTML 标签来定制个性化的 name 展示效果。

🌀 实训操作 🌀　制作可视化大屏

至此我们已经对 DataV 组件有了进一步的了解，接下来我们针对零售数据驾驶舱大屏可视化进行代码实现。

① 我们在计算机中创建一个名为 code 的文件夹。此文件夹作为我们项目的存放位置，并在此位置打开 cmd 窗口，如图 8-12 所示。

图 8-12　打开 cmd 窗口

② 创建 Vue 项目。输入指令 vue create datav-project，其中 datav-project 为项目名称，如图 8-13 所示。

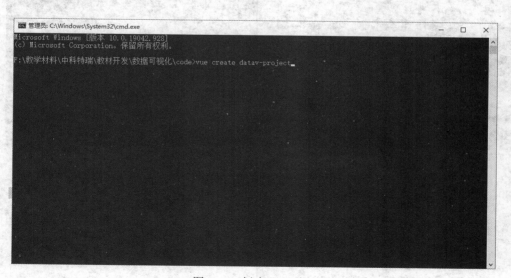

图 8-13　创建 Vue 项目

输入完成后按回车键，这里我们选择 Vue2，如图 8-14 所示，回车等待创建成功即可，项目创建成功如图 8-15 所示。

图 8-14 选择 Vue2

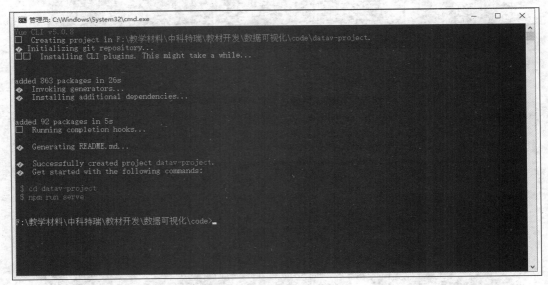

图 8-15 项目创建成功

项目创建成功后，可使用 VSCode 打开项目。

③ 安装 DataV 组件。在 VSCode 中新建一个终端，并输入安装指令，然后按回车键执行安装（本书写作时的 DataV 版本为 2.10.0）。指令如下。

```
npm install @jiaminghi/data-view
```

安装 DataV 组件的界面如图 8-16 所示。

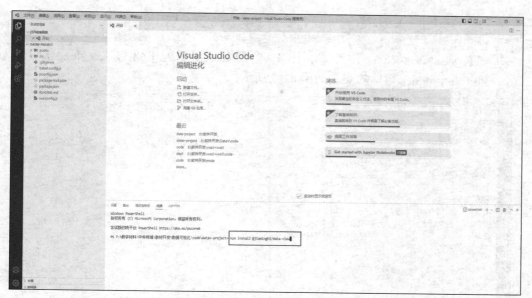

图 8-16 安装 DataV 组件的界面

④ 删除创建的 Vue 项目中的 HelloWorld 组件和默认的样式，并导入 DataV 组件。
App.vue 中的代码如下。

```
<template>
  <div id = "app">
  </div>
</template>

<script>
export default {
}
</script>
<style>
*{
  margin: 0;
  padding: 0;
  list-style: none;
  box-sizing: border-box;
}
</style>
```

将 DataV 组件全局引用，代码如下。

```
import Vue from 'vue'
import App from './App.vue'
Vue.config.productionTip = false
//导入 DataV
import dataV from '@jiaminghi/data-view'
//注册 DataV
Vue.use(dataV)
new Vue({
```

```
render: h  = > h(App),
}).$mount(' # app')
```

⑤ 安装 sass sass-loader 组件。本书编写时的 sass 版本为 1.64.1，sass-loader 版本为 13.3.2。sass sass-loader 组件的安装如图 8-17 所示。

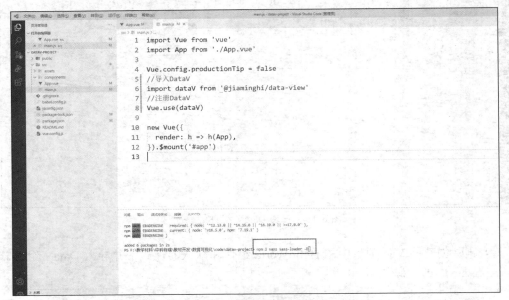

图 8-17　sass sass-loader 组件的安装

⑥ 我们需要设计大屏的布局，此处可设计为两行三列的布局格式，另外我们需要使用全局容器组件，让整个大屏能够自由缩放。数字部分代表我们后期需要填充的图表。

下面开始编辑 App.vue。

template 部分代码如下。

```
<template>
  <div id = "app">
    <dv-full-screen-container>
      <div class = "container">
        <div class = "row">
          <div class = "cell">1</div>
          <div class = "cell">2</div>
          <div class = "cell">3</div>
        </div>
        <div class = "row">
          <div class = "cell">4</div>
          <div class = "cell">5</div>
          <div class = "cell">6</div>
        </div>
      </div>
    </dv-full-screen-container>
  </div>
</template>
```

style 部分代码如下。

```scss
<style lang = "scss">
body{
  background-color: black;
}
*{
  margin: 0;
  padding: 0;
  list-style: none;
  box-sizing: border-box;
}
.container{
  height: 100vh;
  display: flex;
  flex-direction: column;
  .row{
    float: 1;
    height: 50%;
    width: 100%;
    display: flex;
    color: white;
    .cell{
      flex: 1;
    }
  }
}
</style>
```

在终端启动项目,输入 npm run serve 指令,如图 8-18 所示。

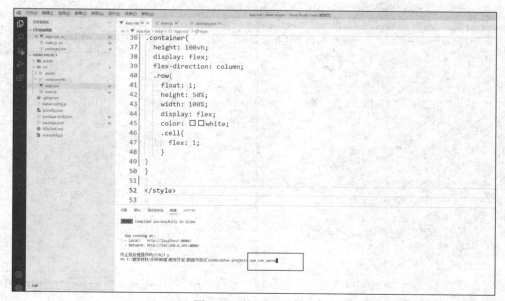

图 8-18 输入启动命令

在浏览器输入地址 http://localhost:8080/，项目首页界面如图 8-19 所示。

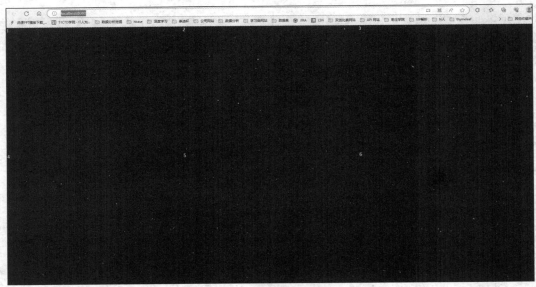

图 8-19 项目首页界面

接下来我们把对应的数字换成图表即可。

⑦ 实现热门手机销量排行功能模块。此功能模块左侧为不同品牌手机，可单击查看不同品牌手机数据，选中状态的手机品牌高亮显示。

我们在项目的 components 文件夹下创建 RingChart.vue 组件。

template 部分代码如下。

```
<template>
  <div class = "box">
    <div class = "title">热门手机销量排行</div>
    <div class = "content">
      <div class = "list">
        <div class = "item" :class = "{active: active Index === index}"
        v-for = "(item, index) in list" :key = "item.id" @click =
            "activeIndex = index">
          {{ item.name }}
        </div>
      </div>
      <dv-active-ring-chart :config = "config" style = "width:350px;
          height:350px" />
    </div>
  </div>
</template>
```

script 部分代码如下。

定义 3 个变量 activeIndex 标记当前选中的手机品牌，用于实现单击高亮。list 是不同品牌的手机销量数据，数据可以从后台获取，但是此处已固定。

config 对象中 data 为图表的数据部分，我们可以从 list 获取；created()方法中实现的是初始化赋值，change()方法实现的是使用鼠标单击手机品牌切换数据，watch 中监听 activeIndex 索引变化时，需要重新刷新图表数据。

```
<script>
  export default {
    data(){
      return{
        activeIndex:0,
        list:[
            {
              id:1,
              name:'苹果手机',
              data:[
                {name:'一季度',value:255},
                {name:'二季度',value:300},
                {name:'三季度',value:200},
                {name:'四季度',value:400},
              ]
            },
            {
              id:2,
              name:'华为手机',
              data:[
                {name:'一季度',value:300},
                {name:'二季度',value:200},
                {name:'三季度',value:260},
                {name:'四季度',value:420},
              ]
            },
            {
              id:3,
              name:'小米手机',
              data:[
                {name:'一季度',value:280},
                {name:'二季度',value:270},
                {name:'三季度',value:300},
                {name:'四季度',value:350},
              ]
            },
            {
              id:4,
              name:'vivo 手机',
              data:[
                {name:'一季度',value:100},
                {name:'二季度',value:300},
                {name:'三季度',value:400},
                {name:'四季度',value:500},
              ]
            }
```

```
          ],
        config:{
          data: [],
          showOriginValue:true
        }
      }
    },
    created(){
      this.config.data = this.list[this.activeIndex].data
    },
    methods:{
      change(index){
        this.activeIndex = index


      }
    },
    watch:{
      activeIndex(){
        this.config = {
          ...this.config,
          data:this.list[this.activeIndex].data
        }
      }
    }
  }
</script>
```

style 部分代码如下。

```
<style lang = "scss" scoped>
.box{
  padding: 10px;
  .title{
    font-size: 20px;
    text-align: center;
  }
  .content{
    display: flex;
    align-items: center;
    .list{
      padding-left: 20px;
      .item{
        margin: 10px 0;
        cursor: pointer;
        background-color: rgba(255,255,255, 0.2);
        padding:4px 10px;
        &.active{
          background-color: rgba( 255,255,255, 0.6);
        }
      }
    }
  }
```

```
    }
  }
</style>
```

在 App 组件中引入此模块，边框样式选择为 dv-border-box-12，将数字 1 替换成如下代码。

```
<dv-border-box-12>
    <RingChart></RingChart>
</dv-border-box-12>
```

在 script 中导入组件并注册，此时完整的 script 部分代码如下。

```
<script>
import RingChart from './components/RingChart.vue';
export default {
  components:{
    RingChart
  }
}
</script>
```

其余代码不做更改，启动项目显示效果如图 8-20 所示。

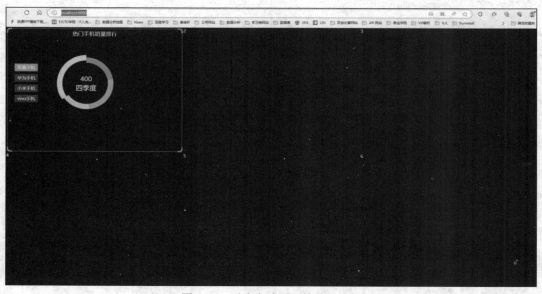

图 8-20　再次启动项目的首页效果

至此第一个图表开发完成，后续图表开发流程与前文介绍的步骤类似，此处不做详细说明。

⑧ 实现新增会员信息功能模块。此功能模块展示的是新增会员信息，单击天数按钮可以展示 7 天、15 天、30 天的新增会员信息，此功能模块的实现类似第一个图表，不再详细描述。我们在项目的 components 文件夹下创建 CapsuleChart.vue 组件。

template 部分代码如下。

```
<template>
```

```
    <div class = "box">
      <div class = "title">新增会员信息</div>
      <div class = "list">
        <div class = "item" v-for = "(item, index) in list" :class =
            "{active:active Index === index}"
        :key = "item.id"  @click = "change(index)">
          {{ item.name }}
        </div>
      </div>
      <dv-capsule-chart :config = "config" style = "width:100%;height:
          300px" />
    </div>
</template>
```

script 部分代码如下。

```
<script>
  export default {
    data(){
      return{
        activeIndex:0,
        list:[
          {
            id:1,
            name:'7天',
            data:[
              {name:'南京市',value:90},
              {name:'苏州市',value:120},
              {name:'无锡市',value:60},
              {name:'徐州市',value:70},
            ]
          },
          {
            id:2,
            name:'15天',
            data:[
              {name:'济南市',value:180},
              {name:'青岛市',value:240},
              {name:'烟台市',value:120},
              {name:'威海市',value:140},
            ]
          },
          {
            id:3,
            name:'30天',
            data:[
              {name:'广州市',value:360},
              {name:'深圳市',value:480},
              {name:'佛山市',value:240},
              {name:'湛江市',value:280},
            ]
```

```
        }
      ],
      config:{
        data: [],
        colors: ['#e062ae', '#fb7293', '#e690d1', '#32c5e9', '#96bfff'],
        unit: '人'
      }
    }
  },
  created(){
    this.config.data = this.list[this.activeIndex].data
  },
  methods:{
    change(index){
      this.activeIndex = index
      this.config = {
        ...this.config,
        data:this.list[this.activeIndex].data
      }
    }
  }
}
</script>
```

style 部分代码如下。

```
<style lang = "scss" scoped>
.box{
  padding: 10px;
  .title{
    font-size: 20px;
    text-align: center;
  }
  .list{
    display: flex;
    justify-content: center;
    .item{
      padding:4px 10px;
      margin: 10px 0;
      cursor: pointer;
      background-color: rgba(255,255,255, 0.2);
      &.active{
        background-color: rgba( 255,255,255, 0.6);
      }
    }
  }
}
</style>
```

在 App 组件中引入此模块，边框样式选择为 dv-border-box-12，将数字 3 替换成如下代码。

```
<dv-border-box-12>
      <CapsuleChart></CapsuleChart>
</dv-border-box-12>
```

在 script 中导入组件并注册，此时完整的 script 部分代码如下。

```
<script>
import RingChart from './components/RingChart.vue';
import FlylineChart from './components/FlylineChart.vue';
import CapsuleChart from './components/CapsuleChart.vue';
export default {
  components:{
    RingChart,
    FlylineChart,
    CapsuleChart
  }
}
</script>
```

启动项目，效果如图 8-21 所示。

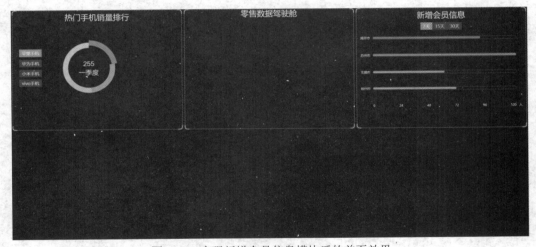

图 8-21   实现新增会员信息模块后的首页效果

⑨ 实现销售数据功能模块。此功能模块展示的是销售数据信息，我们在项目的 components 文件夹下创建 ScrollBoard.vue 组件。

template 部分代码如下。

```
<template>
  <div class = "box">
    <div class = "title">销售数据</div>
    <dv-scroll-board :config = "config" style = "width:100%;height:
        100%" />
  </div>
</template>
```

script 部分代码如下。

```
<script>
```

```
    export default {
      data(){
        return{
          config:{
            header: ['销售价格', '销售市场', '销售任务','销售量'],
            data: [
              ['21449', '26667', '18248','20166'],
              ['21450', '26668', '18249','20167'],
              ['21451', '26669', '18250','20168'],
              ['21452', '26670', '18251','20169'],
              ['21453', '26671', '18252','20170'],
              ['21454', '26672', '18253','20171'],
              ['21455', '26673', '18254','20172'],
              ['21456', '26674', '18255','20173'],
              ['21457', '26675', '18256','20174'],
            ]
          }
        }
      }
    }
</script>
```

style 部分的代码如下。

```
<style lang = "scss" scoped>
.box{
  height: 100%;
  width: 100%;
  padding: 20px;
  padding-bottom: 55px;
  .title{
    font-size: 20px;
    text-align: center;
    margin-bottom: 10px;
  }
}
</style>
```

在 App 组件中引入此模块，边框样式选择为 dv-border-box-12，将数字 4 替换成如下代码。

```
<dv-border-box-12>
 <ScrollBoard></ScrollBoard>
</dv-border-box-12>
```

在 script 中导入组件并注册，此时完整的 script 部分代码如下。

```
<script>
import RingChart from './components/RingChart.vue';
import FlylineChart from './components/FlylineChart.vue';
import CapsuleChart from './components/CapsuleChart.vue';
import ScrollBoard from './components/ScrollBoard.vue';
export default {
  components:{
```

```
        RingChart,
        FlylineChart,
        CapsuleChart,
        ScrollBoard
      }
    }
    </script>
```

再次启动项目，效果如图 8-22 所示。

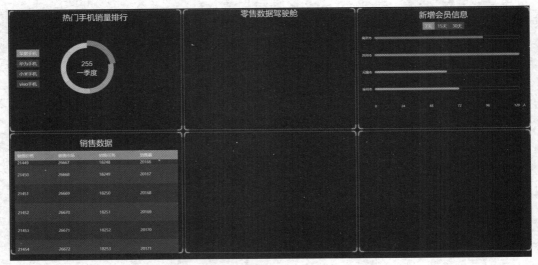

图 8-22　实现销售数据功能模块后的首页效果

⑩ 实现消费占比功能模块。此功能模块展示的是消费占比信息，我们在项目的 components 文件夹下创建 WaterLevelPond.vue 组件。

template 部分代码如下。

```
<template>
  <div class = "box">
    <div class = "title">消费占比</div>
    <div class = "content">
      <div class = "item" v-for = "(item,index) in list" :key = "index">
        <dv-water-level-pond :config = "item.config" style = "width:
          180px;height:90%" />
        <div class = "name">{{ item.name }}</div>
      </div>
    </div>
  </div>
</template>
```

script 部分代码如下。

```
<script>
  export default {
    data(){
      return{
```

```
        list:[
          {
            name:'平均客单价',
            config:{
              data: [821, 45],
              shape: 'roundRect',
              colors:[],
              formatter:'{value}元'
            }
          },
          {
            name:'男消费',
            config:{
              data: [36, 45],
              shape: 'roundRect',
              colors:[]
            }
          },
          {
            name:'女消费',
            config:{
              data: [64, 45],
              shape: 'roundRect',
              colors:[]
            }
          }
        ],
        config:{
          data: [66, 45],
          shape: 'roundRect'
        }
      }
    },
    created(){
      this.list.forEach(r => {
        if(r.config.data[0]> = 80){
          r.config.colors[0] = 'red'
        }else if(r.config.data[0]> = 50){
          r.config.colors[0] = 'orange'
        }else{
          r.config.colors[0] = 'green'
        }
      })
    }
  }
</script>
```

style 部分代码如下。

```
<style lang = "scss" scoped>
.box{
```

```
    padding: 20px;
    height: 100%;
    .title{
      font-size: 20px;
      text-align: center;
      margin-bottom: 20px;
    }
    .content{
      display: flex;
      justify-content: space-between;
      height: 85%;
      .item{
        display: flex;
        flex-direction: column;
        align-items: center;
      }
    }
  }
}
</style>
```

在 App 组件中引入此模块，边框样式选择为 dv-border-box-12，将数字 5 替换成如下代码。

```
<dv-border-box-12>
    <WaterLevelPond></WaterLevelPond>
</dv-border-box-12>
```

在 script 中导入组件并注册，此时完整的 script 部分代码如下。

```
<script>
import RingChart from './components/RingChart.vue';
import FlylineChart from './components/FlylineChart.vue';
import CapsuleChart from './components/CapsuleChart.vue';
import ScrollBoard from './components/ScrollBoard.vue';
import WaterLevelPond from './components/WaterLevelPond.vue';
export default {
  components:{
    RingChart,
    FlylineChart,
    CapsuleChart,
    ScrollBoard,
    WaterLevelPond
  }
}
</script>
```

再次启动项目，效果如图 8-23 所示。

⑪ 实现商品销售统计数量功能模块。此功能模块展示的是商品销售统计信息，我们在项目的 components 文件夹下创建 ScrollRankingBoard.vue 组件。

template 部分代码如下。

```
<template>
  <div class = "box">
```

```
        <div class = "title">商品销售统计数量</div>
        <dv-scroll-ranking-board :config = "config" style = "width:500px;
            height:300px" />
    </div>
</template>
```

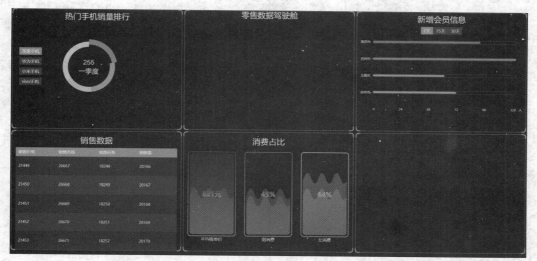

图 8-23　实现消费占比功能模块后的首页效果

script 部分代码如下。

```
<script>
  export default {
    data(){
      return{
        list:[
          {
            name: '电视柜',
            value: 55
          },
          {
            name: '大床',
            value: 120
          },
          {
            name: '斗柜',
            value: 78
          },
          {
            name: '冰箱',
            value: 66
          },
          {
            name: '空调',
            value: 80
```

```
          },
          {
            name: '电视机',
            value: 45
          },
          {
            name: '茶几',
            value: 29
          }
        ],
        config:{
          data:[]
        }
      }
    },
    created(){
      this.config = {
        ...this.config,
        data:this.list,
        sort:true
      }
    }
  }
</script>
```

style 部分代码如下。

```
<style lang = "scss" scoped>
.box{
  padding-top: 20px;
  padding-left: 40px;
  .title{
    font-size: 20px;
    text-align: center;
    margin-bottom: 10px;
  }
}
</style>
```

在 App 组件中引入此模块，边框样式选择为 dv-border-box-12，将数字 6 替换成如下代码。

```
<dv-border-box-12>
   <ScrollRankingBoard></ScrollRankingBoard>
</dv-border-box-12>
```

在 script 中导入组件并注册，此时完整的 script 部分代码如下。

```
<script>
import RingChart from './components/RingChart.vue';
import FlylineChart from './components/FlylineChart.vue';
import CapsuleChart from './components/CapsuleChart.vue';
import ScrollBoard from './components/ScrollBoard.vue';
import WaterLevelPond from './components/WaterLevelPond.vue';
```

```
import ScrollRankingBoard from './components/ScrollRankingBoard.vue';
export default {
  components:{
    RingChart,
    FlylineChart,
    CapsuleChart,
    ScrollBoard,
    WaterLevelPond,
    ScrollRankingBoard
  }
}
</script>
```

再次启动项目，首页效果如图 8-24 所示。

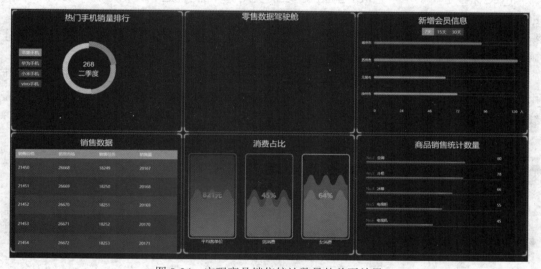

图 8-24　实现商品销售统计数量的首页效果

至此我们的零售数据驾驶舱项目已经完成。

第 9 章　编程语言可视化

本章将分别使用 pyecharts 和 Matplotlib 实现数据可视化。

pyecharts 是一个用于生成 ECharts 图表的类库。实际上就是 ECharts 与 Python 的结合。ECharts 是一个由百度开源的数据可视化图表库，凭借着良好的交互性，精巧的图表设计，得到了众多开发者的认可。Python 是一门富有表达力的语言，适用于数据处理。当数据分析遇上数据可视化时，pyecharts 就诞生了。

Matplotlib 是 Python 的绘图库，它是一个非常强大的 Python 画图工具，我们可以使用该工具轻松地将数据绘制成各种静态、动态、交互式的图表，如折线图、散点图、等高线图、条形图、柱形图、3D 图形等。

9.1　使用 pyecharts 实现数据可视化

导读案例　pyecharts 数据可视化案例

pyecharts 是一个基于 Python 的数据可视化图表库，它提供了丰富多样的图表类型和交互功能，适用于各种数据可视化场景。下面我们介绍一些 pyecharts 数据可视化的经典案例。

① 使用柱形图和折线图展示销售数据，如图 9-1 所示。

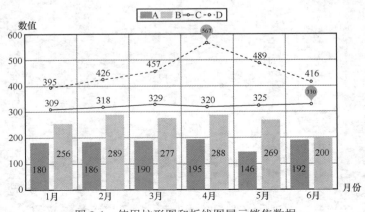

图 9-1　使用柱形图和折线图展示销售数据

可以使用柱形图显示不同产品的销售量，同时在同一张图上使用折线图显示销售额的趋势，帮助相关人员直观地理解销售情况和趋势。

② 使用饼图显示市场份额，如图 9-2 所示。

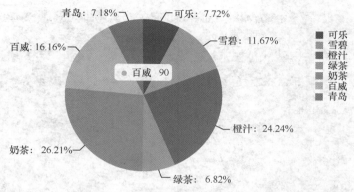

图 9-2　使用饼图显示市场份额

饼图可展示不同产品或不同公司在市场中的份额，以及各个部分的相对比例。

③ 使用散点图和热力图显示相关性，如图 9-3、图 9-4 所示。

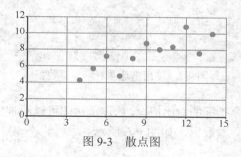

图 9-3　散点图

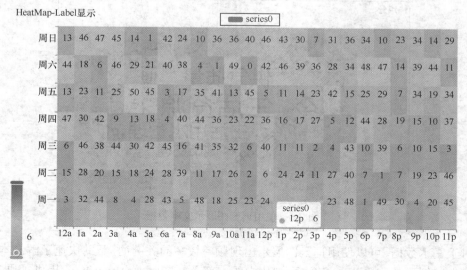

图 9-4　热力图

使用散点图可以展示两个变量之间的关系，使用热力图可以展示二维数据的密度和相关性。

④ 使用雷达图展示多维数据，如图9-5所示。

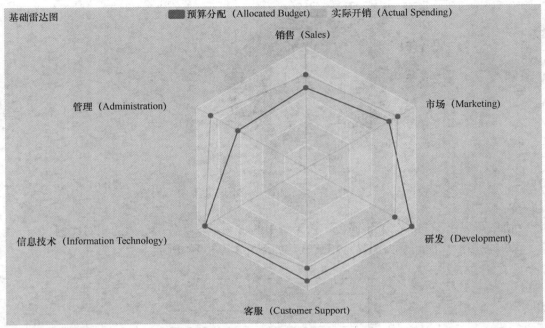

图 9-5　使用雷达图展示多维数据

雷达图适用于展示多个指标的对比情况，通过雷达图可以同时呈现多个指标的相对大小。

⑤ 使用词云图展示文本数据，如图9-6所示。

图 9-6　使用词云图展示文本数据

对于文本数据，可以使用词云图展示出现频率较高的关键词，帮助快速了解文本内容。

以上案例只是 pyecharts 数据可视化中的一部分，实际上，pyecharts 提供了更多种类的图表和丰富的定制化选项，可以根据数据特点和需求进行灵活组合和设计，以满足不同的数据可视化需求。

知识储备　pyecharts 数据可视化基础

要使用 pyecharts 实现数据可视化，需要具备以下知识。

① Python 编程基础：了解 Python 的基本语法、数据类型、函数等是使用 pyecharts 的前提条件。熟悉基本的数据处理和操作能帮助我们更好地准备数据用于可视化。

② 数据处理和分析基础：了解数据处理和数据分析的基本概念，知道如何从数据中提取和清洗需要用于可视化的信息。如 NumPy、pandas、SciPy 库的使用。

③ 数据可视化基础：对数据可视化的基本概念和图表类型有一定了解，例如对柱形图、折线图、饼图、散点图等有一定的了解。熟悉 pyecharts 提供的常见图表类型的使用方法和配置选项，例如 Bar、Line、Pie、Scatter 等。

④ Web 开发基础：pyecharts 基于 ECharts，是一个 JavaScript 可视化库。虽然 pyecharts 封装了大部分工作，但了解一些基本的前端开发知识会对理解和调整图表的样式有帮助。

⑤ 安装和配置 pyecharts：了解如何安装 pyecharts 和相关依赖，以及如何配置运行环境。

pyecharts 本身设计简单易用，即使对 Python 和数据可视化不是非常熟悉的用户也能够通过阅读官方文档和示例代码上手使用。pyecharts 的文档和示例非常丰富，可以在官方网站和 GitHub 上找到很多详细的教程和案例。

9.1.1　使用 pyecharts 绘制饼图

本例使用《中国居民膳食指南（2022）》中关于每类食物推荐摄入量最大值的数据来制作饼图，探索居民每日膳食中各类别的占比关系，具体数据见表 9-1。

表 9-1　《中国居民膳食指南（2022）》食物推荐摄入量最大值

类别	每日推荐摄入量（max）（单位：g）
谷薯类食物	300
动物性食物	200
奶及奶制品	300
蔬菜类	500
水果类	350
大豆及坚果	35

在绘制饼图之前，我们可以将数据录入 Excel 表中，然后将其另存为 CSV 格式，并将表名更改为 "Recommended_food.csv"，这样我们就生成了数据文件。

然后在绘制饼图时，我们需要导入 pandas 和 pyecharts 中的 Pie 模块。可以使用以下代码进行导入。

```
import pandas as pd
from pyecharts.charts import Pie
from pyecharts import options as opts
```

以上代码导入了 pandas 库并将其命名为 pd，这样在后续代码中可以使用 pd 来调用 pandas 的函数。导入 pandas 后，我们可以使用 read_csv 函数来读取 CSV 文件中的数据。在使用 read_csv 函数读取文件时，需要给出 CSV 文件的路径，且通常需要指定文件的解码方式，例如这里的 CSV 文件编码方式为 UTF-8。我们可以将编码方式以字符串的形式传递给 encoding 参数。除了 UTF-8，还有其他编码方式，如 GBK、UTF-16 等，如果用户需要使用其他编码方式，可以查阅相关资料进行学习。

代码如下。

```
data = pd.read_csv("Recommended_food.csv",encoding = 'utf-8')
```

通过以上代码，我们已经成功将 CSV 文件中的数据读取到 data 变量中，后续我们可以根据需要对数据进行进一步的处理和分析。请确保在实际应用中使用正确的 CSV 文件路径，并根据实际情况指定正确的编码方式。

接下来，我们将使用 pyecharts 库中的 Pie() 方法初始化一个饼图对象，并将之前读取的数据传入该函数，从而绘制出一个初始的饼图。代码示例如下。

```
pie_chart = Pie()
pie_chart.add('',list(zip(data["Food"],data["quantity"])))
pie_chart.render("initial_pie_chart.html")
```

在以上代码中，我们初始化了一个饼图对象 pie_chart，然后使用 add() 方法将读取的数据中的 "Food" 作为饼图的标签，"quantity" 作为饼图的数据。接着，调用 render() 方法将饼图渲染到名为 "initial_pie_chart.html" 的 HTML 文件中。初始的饼图如图 9-7 所示。

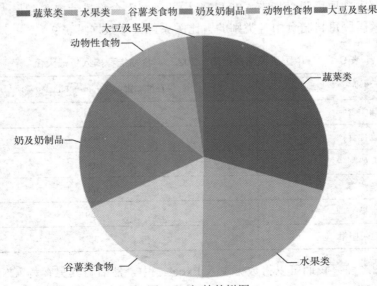

图 9-7　初始的饼图

　　绘制出来的饼图，我们可以通过 pyecharts 的 set_global_opts 和 set_series_opts 方法设置饼图扇形块的标签显示格式、扇形块的边框样式、图表的标题和副标题、图例的位置等。通过这些配置项，我们可以增加饼图的可读性，解释每个部分所呈现的含义，让图表更加直观和易于理解。其中 set_series_opts 用于个性化配置每个系列，set_global_opts 用于设置整个图表的通用配置。下面将列举饼图的常用配置项。

　　（1）设置标签属性

　　设置标签属性代码如下。

```
pie.set_series_opts(label_opts = opts.LabelOpts(formatter = "{b}: {d}%"))
```

　　在上述代码中，我们设置了饼图的标签属性，使用 label_opts 参数来指定标签的显示格式。formatter="{b}: {d}%"表示饼图的标签会显示类目名和对应的百分比。其中，{b}表示类目名，{d}表示百分比。另外，{a}表示系列名，{c}表示数值。

　　通过这样的设置，饼图将会在每个扇形块上显示类目名和对应的百分比，提供更直观的信息，让饼图更易于理解和解释。配置标签的饼图如图 9-8 所示。

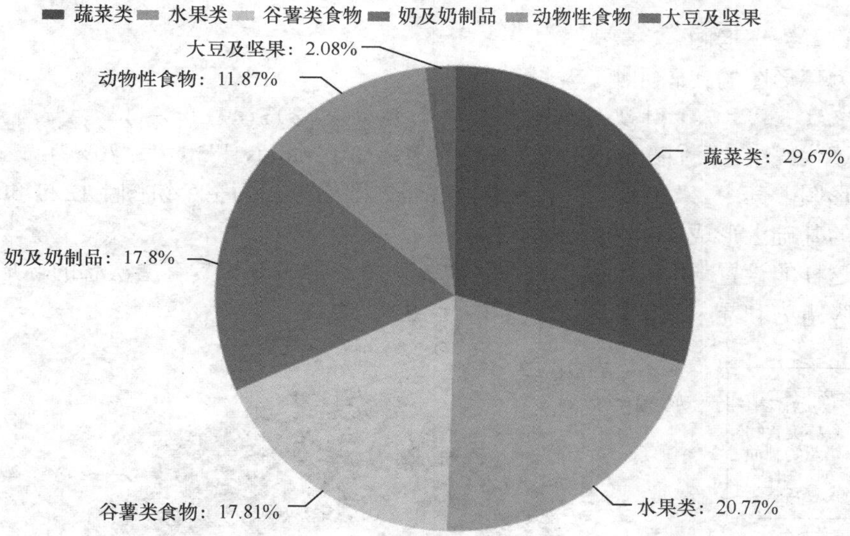

图 9-8　配置标签的饼图

　　（2）设置图例的方向和位置

　　设置图例的方向和位置代码如下。

```
pie.set_global_opts(legend_opts = opts.LegendOpts(orient = "vertical",pos_top =
"2%", pos_left = "5%"))
```

　　在上述代码中，我们设置了饼图的图例方向和位置，使用 legend_opts 参数指定图例的配置。orient="vertical"表示图例的方向为纵向，pos_top="2%"和 pos_left="5%"分别表示图例距离顶部和左侧的位置为 2%和 5%。我们也可以根据需要调整这些参数来设置图例的方向和位置。

　　通过这样的设置，饼图的图例将会以纵向排列，并位于图表的左上角，方便用户查看每个部分所代表的含义。配置图例的饼图如图 9-9 所示。

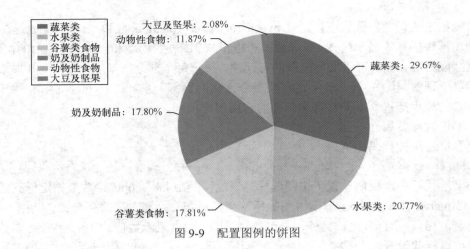

图 9-9　配置图例的饼图

在实际应用中，用户可根据实际需求，灵活调整图例的方向和位置，以满足图表的布局要求。

（3）设置为环形图

设置为环形图的代码如下。

```
pie.add('',list(zip(data["Food"],data["quantity"])),radius = ["30%", "70%"])
```

在上述代码中，我们在 add()方法的参数中添加了 radius=["30%", "70%"]，这样饼图被设置为环形图。其中，"30%"表示内半径，即内圆的半径为整个饼图半径的 30%。这样就在饼图的基础上形成了一个环形图。

通过这样的设置，我们可以将饼图呈现为一个更加美观和具有层次感的环形图，让图表更加有吸引力和易于理解。环形图如图 9-10 所示。

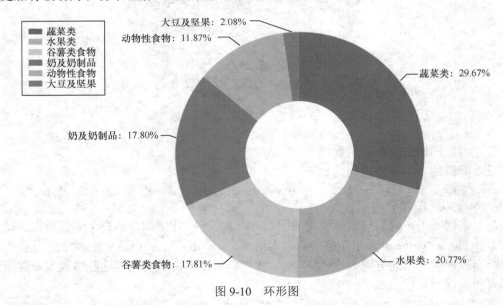

图 9-10　环形图

在实际应用中，用户可根据实际需求，灵活调整内半径和外半径的百分比，以达到我们想要的环形图效果。

（4）南丁格尔玫瑰图

设置为南丁格尔玫瑰图的代码如下。

```
pie.add('',list(zip(data["Food"],data["quantity"])),rosetype = "area")
```

在上述代码中，我们在 add()方法的参数中添加了 rosetype="area"，这样饼图被设置为南丁格尔玫瑰图。rosetype 参数还有 radius 值可选，其中，"area"表示每个扇形角度一样，即每个扇形区域的角度相同；"radius"表示每个扇形角度不一样。

通过设置 rosetype 为"area"，我们可以得到一个南丁格尔玫瑰图，它以每个扇形区域的角度相同来呈现数据，让数据的比例更加直观地体现在不同的扇形面积上。area 型的南丁格尔玫瑰图如图 9-11 所示。

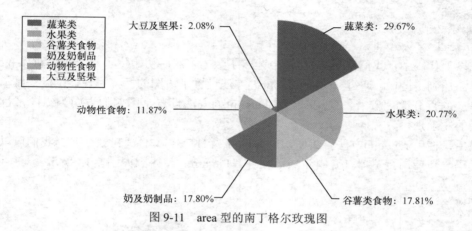

图 9-11　area 型的南丁格尔玫瑰图

如果用户将 rosetype 设置为"radius"，则会得到另一种南丁格尔玫瑰图，其中每个扇形区域的角度不同，这样可让数据的比例更加突出地体现在不同的扇形角度上。radius 型的南丁格尔玫瑰图如图 9-12 所示。

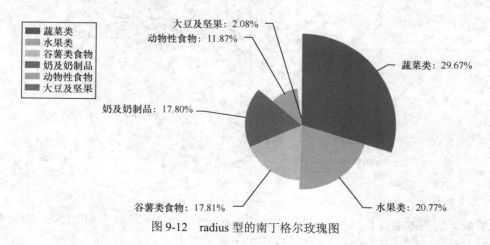

图 9-12　radius 型的南丁格尔玫瑰图

最后展示完整代码如下。

```
import pandas as pd
from pyecharts.charts import Pie
from pyecharts import options as opts
# 从 CSV 文件中读取数据
data = pd.read_csv("Recommended_food.csv",encoding = 'UTF-8')
# 初始化一个饼图对象
pie = Pie()
# 添加数据到饼图中
pie.add('',list(zip(data["Food"],data["quantity"])))
# 设置饼图的标签属性
pie.set_series_opts(label_opts = opts.LabelOpts(formatter = "{b}: {d}%"))
# 设置饼图的全局配置，包括图例的方向和位置
pie.set_global_opts(legend_opts = opts.LegendOpts(orient = "vertical",
pos_top =  "2%", pos_left = "5%"))
# 渲染并保存饼图到文件"Pie.html"
pie.render("Pie.html")
```

在以上代码中，我们从 CSV 文件中读取了数据，然后初始化了一个饼图对象 pie，并将数据添加到饼图中。通过 set_series_opts()方法设置了饼图的标签属性，让标签显示类目名和对应的百分比。接着，使用 set_global_opts()方法设置了图例的方向为纵向，位置位于图表的左上角。

最后，使用 render()方法将饼图渲染并保存为 HTML 文件"Pie.html"。我们可以运行这段代码，然后用浏览器打开新生成的文件"Pie.html"。饼图如图 9-13 所示。

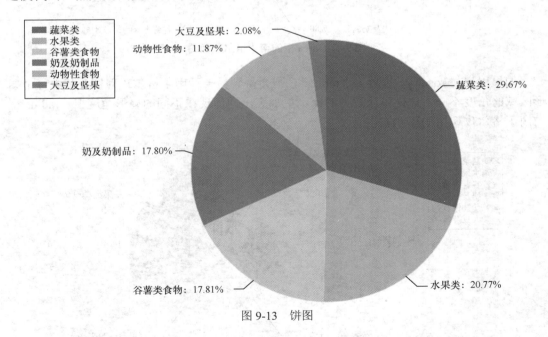

图 9-13　饼图

请确保在实际运行代码时，替换"Recommended_food.csv"为正确的 CSV 文件路径，并确保 CSV 文件中的数据格式正确，以获得正确的饼图。

9.1.2　使用 pyecharts 绘制柱形图

下面通过一个例子，介绍如何使用 pyecharts 库创建柱形图来展示 2022 年中国 GDP 前 10 省份（自治区、直辖市）的数据。首先，我们需要准备数据文件 "GDP_2022.csv" 中的相关数据，包括省份名称和对应的 GDP。然后，我们可以使用以下步骤创建柱形图。

① 导入需要的库和模块，代码如下。

```
import pandas as pd
from pyecharts.charts import Bar
from pyecharts import options as opts
```

② 读取数据文件，代码如下。

```
data = pd.read_csv("GDP_2022.csv")
```

③ 对数据进行处理，选取前 10 省份（自治区、直辖市）的数据，具体代码如下。

```
data.sort_values("GDP",ascending = False,inplace = True)
top_10_data = data.head(10)
provinces = top_10_data['Provinces'].tolist()
gdp_values = top_10_data['GDP'].tolist()
```

④ 创建柱形图的代码如下。

```
bar_chart = (
    Bar()
    .add_xaxis(provinces)
    .add_yaxis("GDP", gdp_values)
    .set_global_opts(
        title_opts = opts.TitleOpts(title = "2022 年中国 GDP 前 10 省份（自治区、直辖市）"),
        xaxis_opts = opts.AxisOpts(name = "省份（自治区、直辖市）"),
        yaxis_opts = opts.AxisOpts(name = "GDP/亿元"),
    )
)
bar_chart.render("gdp_bar_chart.html")
```

运行代码后，将生成一个名为 "gdp_bar_chart.html" 的文件，里面包含绘制好的柱形图。2022 年中国 GDP 前 10 省份（自治区、直辖市）柱形图如图 9-14 所示。

以上代码通过 pyecharts 创建了一个柱形图，横轴表示省份（自治区、直辖市）名称，纵轴表示对应省份（自治区、直辖市）的 GDP，以直观形式展示了 2022 年中国 GDP 前 10 省份（自治区、直辖市）的数据，我们可以清晰地比较不同省份（自治区、直辖市）的 GDP 大小和差异。

当然，在使用 pyecharts 创建柱形图时，可以通过 set_global_opts 和 set_series_opts 方法设置一些配置，以增加图表的交互性和可读性。下面列举了柱形图常用的一些配置项。

1. 设置全局配置（set_global_opts）

① title_opts：用于设置图表的标题，可以设置标题内容、字体大小、位置等。

② xaxis_opts：用于设置横轴（x 轴）的配置，包括名称、类型、刻度等。

③ yaxis_opts：用于设置纵轴（y 轴）的配置，包括名称、类型、刻度等。

④ tooltip_opts：用于设置提示框的配置，包括是否显示、格式化内容等。

⑤ toolbox_opts：用于设置工具栏的配置，包括保存图片、刷新等功能的显示与隐藏。

⑥ datazoom_opts：用于设置数据缩放的配置，可以实现数据区域的局部放大。

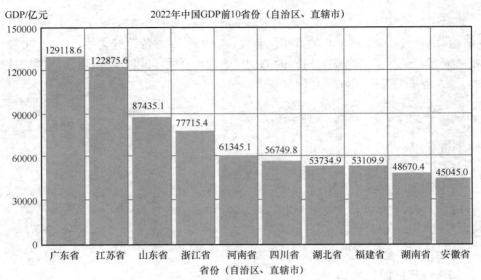

图 9-14　2022 年中国 GDP 前 10 省份（自治区、直辖市）柱形图

2. 设置系列配置（set_series_opts）

① label_opts：用于设置柱形图上数据标签（数值）的显示，可以设置字体、颜色、格式等。

② markpoint_opts：用于设置标记点的配置，可以在柱形图上标记最大值、最小值等特殊点。

③ markline_opts：用于设置标记线的配置，可以在柱形图上标记平均值线、阈值线等。
以下是对代码进行的修改，增加了上述配置项。

```python
import pandas as pd
from pyecharts.charts import Bar
from pyecharts import options as opts

#读取数据文件
data = pd.read_csv("GDP_2022.csv",encoding = 'UTF-8')

# 对数据进行处理，选取前 10 省份（自治区、直辖市）的数据
data.sort_values("GDP",ascending = False,inplace = True)
top_10_data = data.head(10)
provinces = top_10_data['Provinces'].tolist()
gdp_values = top_10_data['GDP'].tolist()

# 创建柱形图
bar_chart = (
    Bar()
    .add_xaxis(provinces)
```

```
     .add_yaxis("GDP", gdp_values)
     .set_global_opts(
         title_opts = opts.TitleOpts(title = "2022 年中国 GDP 前 10 省份（自治区、直辖市）"),
         xaxis_opts = opts.AxisOpts(name = "省份（自治区、直辖市）"),
         yaxis_opts = opts.AxisOpts(name = "GDP/亿元"),
         tooltip_opts = opts.TooltipOpts
                             (trigger = "axis", axis_pointer_type = "cross"),
         toolbox_opts = opts.ToolboxOpts(is_show = True),
         datazoom_opts = [opts.DataZoomOpts(),opts.DataZoomOpts(type_ =
         "inside")],
     )
 )

# 生成图表文件
bar_chart.render("gdp_bar_chart.html")
```

通过添加上述配置项，我们可以实现在柱形图上显示数据标签、设置交互式的工具栏和数据缩放功能，以及在鼠标悬停时显示提示信息、在柱形内部显示数值标签，并标记出最大值、最小值和平均值。这些配置项可以让柱形图更加丰富和便于用户理解数据。添加配置项的柱形图如图 9-15 所示。

图 9-15　添加配置项的柱形图

9.1.3　使用 pyecharts 绘制折线图

下面通过一个例子，介绍如何使用 pyecharts 库创建折线图来展示中国近年人口出生率的数据，数据来自中国统计局官网。首先，我们需要准备数据文件"birth_rate.csv"中的相关数据，包括年度和对应的人口出生率。然后，我们按照以下步骤创建折线图。

① 导入需要的库和模块，具体代码如下。

```
import pandas as pd
```

```
from pyecharts.charts import Line
from pyecharts import options as opts
```

② 读取数据文件,具体代码如下。

```
data = pd.read_csv("birth_rate.csv")
```

③ 获取年度和出生数据,具体代码如下。

```
years = data['Year'].tolist()
bath_rate = data['bath_rate'].tolist()
```

④ 创建折线图,具体代码如下。

```
line_chart = (
    Line()
    .add_xaxis(years)
    .add_yaxis("中国人口出生率",bath_rate )   # 不显示线上的标记点
    .set_global_opts(
        title_opts = opts.TitleOpts(title = "中国人口出生率", pos_bottom =
"bottom",pos_left = "center" ),
        xaxis_opts = opts.AxisOpts(name = "年份"),
        yaxis_opts = opts.AxisOpts(name = "出生率/千分之"))
)
```

⑤ 生成图表文件,具体代码如下。

```
line_chart.render("population_line_chart.html")
```

运行代码后将生成一个名为 "population_line_chart.html" 的文件,里面包含了绘制好的折线图。该折线图将展示中国人口出生率的数据变化趋势,部分图表如图 9-16 所示。通过观察折线图,我们可以看出,2013—2016 年,中国的人口出生率波动较大,但整体上呈上升趋势;2016—2019 年,出生率逐渐下降;2020 年及以后,出生率急剧下降。结合折线图,可以看出中国的人口出生率在近年来呈现下降趋势,这可能与社会经济因素、家庭结构和政策调整等有关。人口出生率的变化对人口结构和社会发展会产生重要影响,因此,政策制定和社会调控需要考虑这一趋势。这个结论可以帮助我们了解中国人口出生率的变化趋势,从而对人口政策和社会发展做出更好决策。由此也体现了数据可视化的目的之一就是发掘数据背后蕴藏的信息,从而帮助人们做出决策。

图 9-16   中国人口出生率折线图 1

在使用 pyecharts 创建折线图时，可以通过 set_global_opts 和 set_series_opts 方法设置一些配置，以增加图表的交互性和可读性。下面列举了折线图常用的一些配置项。

1. 阶梯图

在 add_yaxis 函数的参数中，添加 is_step = True，效果如图 9-17 所示。该阶梯图将展示每年中国人口出生率的数据变化趋势，并增加了阶梯效果，更加直观地呈现数据的变化情况，具体代码如下。

```
line_chart = (
    Line()
    .add_xaxis(years)
    .add_yaxis("中国人口出生率",list(map(int,bath_rate),is_step = True) )
)
```

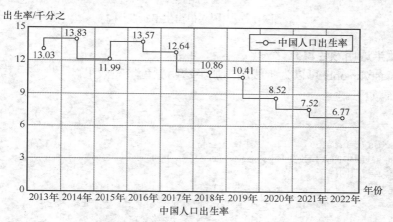

图 9-17　中国人口出生率阶梯图

2. 设置线的样式

在 add_yaxis 函数的参数中，可以设置折线图的样式，包括标记点大小（symbol_size）、标记点形状（symbol）、折线的颜色（color），以及是否显示线上的标记点（is_symbol_show）。下面是使用这些参数设置折线图样式的示例代码。

```
line_chart = (
    Line()
    .add_xaxis(years)
    .add_yaxis("中国人口出生率",bath_rate,
            symbol_size = 10,  # 设置标记点的大小为10
            symbol = 'circle',  # 设置标记点的形状为圆形
            color = 'red',      # 设置折线的颜色为蓝色
            is_symbol_show = False)  # 不显示线上的标记点)

)
```

运行代码后的折线图如图 9-18 所示。该折线图将展示近年中国人口出生率的数据变化趋势，并设置了自定义的线样式，包括标记点大小、形状、颜色，同时不显示线上的标记点。用户可以根据需要自定义线的样式以满足不同的可视化需求。

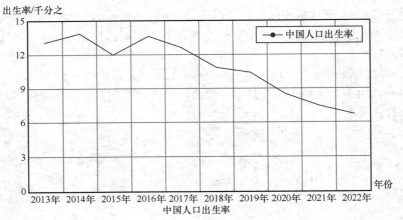

图 9-18　中国人口出生率折线图 2

3．设置半透明颜色填充

设置 areastyle_opts 可以为折线图添加半透明颜色填充效果。

示例代码如下。

```
line_chart = (
    Line()
    .add_xaxis(years)
    .add_yaxis("中国人口出生率",bath_rate)
    .set_global_opts(
        title_opts = opts.TitleOpts(title = "中国人口出生率",
                    pos_bottom = "bottom",pos_left = "center" ),
        xaxis_opts = opts.AxisOpts(name = "年份"),
        yaxis_opts = opts.AxisOpts(name = "出生率/千分之")
    .set_series_opts(areastyle_opts = opts.AreaStyleOpts(opacity = 0.5))
)
```

运行代码后的折线图如图 9-19 所示，添加了半透明颜色填充效果，使图表更加美观和易读。

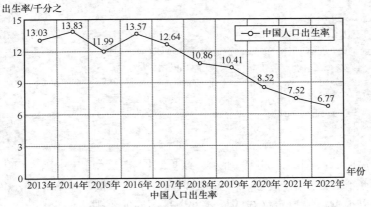

图 9-19　中国人口出生率折线图 3

9.1.4　使用 pyecharts 绘制散点图

　　散点图是一种常见的数据可视化图表，用于显示两个变量之间的关系。它将数据集中的每个数据点表示为二维平面上的一个点，其中每个点的位置由两个变量的数值决定。散点图既能用来呈现数据点的分布，表现两个元素的相关性，也能像折线图一样表示时间推移下的发展趋势。

　　通过观察散点图上数据点的分布情况，我们可以推断出变量间的相关性。如果变量之间不存在相互关系，那么在散点图上就会表现为随机分布的离散的点。如果存在某种相关性，大部分的数据点就会相对密集并以某种趋势呈现。数据的相关关系主要分为正相关、负相关和不相关 3 种。

　　正相关：如果两个变量呈现正相关关系，那么随着一个变量的增大，另一个变量也会增大。在散点图上，数据点会近似地分布在一个逐渐向上的趋势线附近，形成从左下到右上的走势。

　　负相关：如果两个变量呈现负相关关系，那么随着一个变量的增大，另一个变量会减小。在散点图上，数据点会近似地分布在一个逐渐向下的趋势线附近，形成从左上到右下的走势。

　　不相关：如果两个变量之间没有明显的相关性，那么散点图上的数据点会呈现随机分布，没有明显的趋势线。

　　图 9-20 所示的 3 个图分别表示指标为正相关、负相关和不相关关系。

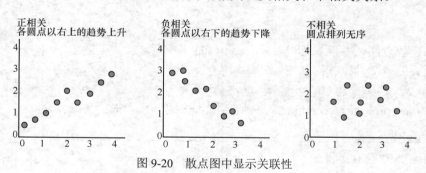

图 9-20　散点图中显示关联性

　　散点图除了可以帮助我们观察两个变量之间的关系、直观地展示数据的分布情况以及帮助我们了解数据的密度和集中程度，还能帮助我们在数据中发现异常值。

　　异常值是指在数据集中明显偏离其余数据的样本点。它们可能是数据采集错误、测量误差或其他异常情况引起的。在散点图中，异常值通常表现为与其他数据点明显分离的点，位于整个数据集的边缘或远离数据集的主要集中区域。

　　因此，散点图除了是一种数据可视化工具，还是数据分析和预处理的重要手段。通过散点图，我们可以更好地理解数据的分布特征，检查异常值，为数据分析和决策提供有价值的信息。

　　下面我们以 2022 年居民人均可支配收入与居民人均消费支出数据为例，介绍如何使用 pyecharts 库创建散点图，并探索这两者之间的关系。首先，我们需要准备数据文件"DPI_CPI_2022.csv"中的相关数据，包括各省份（自治区、直辖市）名、居民人均可支配收入和居民人均消费支出。然后，我们按照以下步骤创建散点图。

① 导入需要的库和模块，具体代码如下。

```python
import pandas as pd
from pyecharts.charts import Scatter
from pyecharts import options as opts
```

② 读取数据文件，并将"居民人均可支配收入"按升序进行排序，代码如下。

```python
data = pd.read_csv("DPI_CPI_2022.csv", encoding = 'UTF-8')
data.sort_values("居民人均可支配收入",ascending = True,inplace = True)
```

③ 获取各省份（自治区、直辖市）名、居民人均可支配收入和居民人均消费支出数据，代码如下。

```python
provinces = data['省份'].tolist()
dpi_values = list(map(str,data['居民人均可支配收入'].tolist()))
cpi_values = list(map(int,data['居民人均消费支出'].tolist()))
scatter_chart = (
    Scatter()
    .add_xaxis(dpi_values)
    .add_yaxis("居民人均消费支出", cpi_values)
    .set_global_opts(
        title_opts = opts.TitleOpts(title = "2022年居民人均可支配收入与居民人均
消费支出散点图",pos_bottom = "bottom",pos_left = "center"),
        xaxis_opts = opts.AxisOpts(name = "居民人均可支配收入/元"),
        yaxis_opts = opts.AxisOpts(name = "居民人均消费支出/元")

    )
)
```

④ 创建散点图，并设置标题、x 轴和 y 轴的名称等。

⑤ 生成图表文件，代码如下。

```python
scatter_chart.render("dpi_cpi_scatter_chart.html")
```

打开"dpi_cpi_scatter_chart.html"文件查看生成的散点图，如图 9-21 所示。

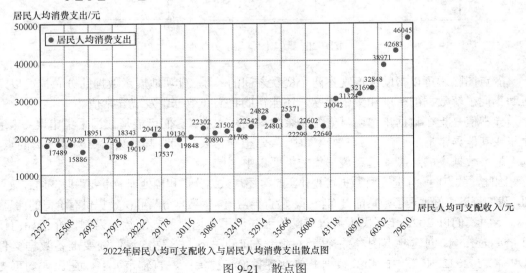

2022年居民人均可支配收入与居民人均消费支出散点图

图 9-21　散点图

注：居民人均消费支出和居民人均可支配收入的单位为元。

　　根据绘制的散点图，我们可以看出：散点图中每个数据点代表一个省（自治区、直辖市）的数据，横坐标为该年份的居民人均可支配收入，纵坐标为该年份的居民人均消费支出。散点图的数据点分布大致呈现一条向上的趋势线，表明居民人均可支配收入与居民人均消费支出呈正相关关系，即随着居民人均可支配收入的增加，居民人均消费支出也相应增加。随着居民人均可支配收入的增加，数据点的密度逐渐变高，可以看出较多的省份（自治区、直辖市）在较高收入水平下有较高的消费支出。散点图展示了居民人均可支配收入和居民人均消费支出之间的关系，并且有助于我们观察数据的分布情况和异常值，从中可以得到一些有意义的结论。

　　当然，这个散点图中也存在一些问题，如数值遮挡散点、x 轴数值分布不均匀等，这可能影响观察者的阅读体验。为了改善图表的美观度，我们可以通过一些设置来优化图表，使其更加美观和易于理解。

1．隐藏点上的数值

隐藏点上数值的代码如下。

```
scatter_chart.set_series_opts(label_opts = opts.LabelOpts(is_show = False))
```

　　散点图的数值标签隐藏方法和折线图、柱形图类似，可以通过设置 LabelOpts 的 is_show 为 False 来实现，结果如图 9-22 所示。标签隐藏后更清楚地展示散点的变化趋势，使图表更加简洁和易于理解。

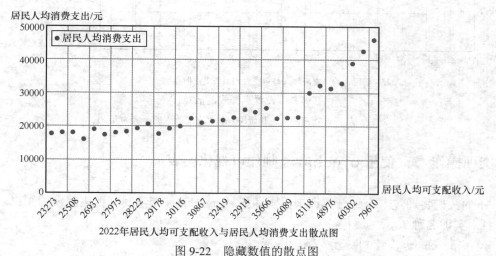

2022年居民人均可支配收入与居民人均消费支出散点图

图 9-22　隐藏数值的散点图

注：居民人均消费支出和居民人均可支配收入的单位为元。

2．设置点的样式

　　在使用 **add_yaxis** 函数创建散点图时，我们可以通过添加参数来设置点的样式，包括点的大小、形状和颜色。以下是示例代码，演示如何设置散点图中点的样式，代码运行后生成的图表如图 9-23 所示。

```
scatter_chart = (
    Scatter()
    .add_xaxis(dpi_values)
    .add_yaxis("居民人均消费支出", cpi_values,
```

```
        symbol_size = 8,  # 设置点的大小
        symbol = 'triangle',  # 设置点的形状为三角形
        color = 'red'  # 设置点的颜色为红色)
    .set_global_opts(
        title_opts = opts.TitleOpts(title = "2022年居民人均可支配收入与居民人均消费
支出散点图",pos_bottom = "bottom",pos_left = "center"),
        xaxis_opts = opts.AxisOpts(name = "居民人均可支配收入/元"),
        yaxis_opts = opts.AxisOpts(name = "居民人均消费支出/元")

    )
)
```

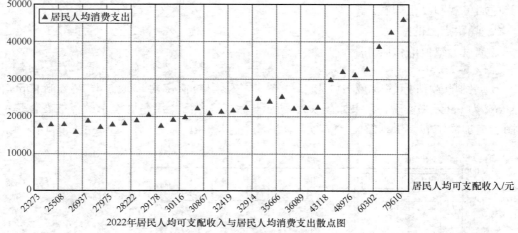

2022年居民人均可支配收入与居民人均消费支出散点图

图 9-23　设置点样式的散点图

注：居民人均消费支出和居民人均可支配收入的单位为元。

🌀实训操作🌀　使用 pyecharts 制作可视化图表

下面我们将通过一个综合实训来巩固和拓展 pyecharts 库绘制可视化图表的知识。

1．实训名称

使用 pyecharts 库绘制交互式基础图形。

2．实训原理

pyecharts 库的原理是利用 Python 调用 ECharts 的 JavaScript 代码，将 Python 中的数据传递给 ECharts，然后由 ECharts 绘制图表，并输出为交互式的 HTML 网页。这样使得在 Python 中绘制交互式基础图形变得更加简单、方便，同时又能利用 ECharts 丰富的功能和交互性，达到更加美观和具有吸引力的数据可视化效果。

3．实训环境

① Jupyter 6.4.8。

② Python 3.6。

③ pyecharts 2.0.0。

④ Numpy 1.17.4。

⑤ pandas 1.0.2。

4．实训步骤

（1）环境搭建

① 下载数据到本地。图 9-24 列出了本实训用到的数据。

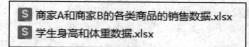

图 9-24　实训数据

② 安装 pyecharts。

```
pip install pyecharts
```

③ 安装 openpyxl。

```
pip install openpyxl
```

④ 在 Windows 命令窗口，输入如下命令，打开 Jupyter Notebook。

```
jupyter notebook
```

⑤ 在打开的浏览器中，新建 Python 3 文件，如图 9-25 所示。

图 9-25　新建 Python 3 文件

（2）代码实现

以下代码均在 Jupyter 中编写。

读取"商家 A 和商家 B 的各类商品的销售数据.xlsx"文件，使用 pyecharts 绘制柱形图，可以直观展示商家 A 和商家 B 的销售情况，并便于对比同一类商品不同商家的销售差距，具体代码如下。

```
#导入整个实训所需的包
import pandas as pd
import numpy as np
```

```
from pyecharts import options as opts
from pyecharts.charts import Bar
from pyecharts.globals import ThemeType
from pyecharts.charts import Scatter
from pyecharts.charts import Line
from pyecharts.charts import Boxplot
from pyecharts.charts import Scatter3D
from pyecharts.charts import Pie

#读取"商家A和商家B的各类商品的销售数据.xlsx"文件
data=pd.read_excel('商家A和商家B的各类商品的销售数据.xlsx',
                                    index_col='商家',engine="openpyxl")

#设置图表的初始选项,包括图表的宽度、高度以及主题(这里设置为亮色主题)
init_opts=opts.InitOpts(width='1000px',height='450px',theme=ThemeType.LIGHT)

# 绘制两个商家销售数据的柱形图
bar = (
        Bar(init_opts)
        .add_xaxis(data.columns.tolist())
        .add_yaxis('商家A', data.loc['商家A'].tolist())
        .add_yaxis('商家B', data.loc['商家B'].tolist())
        .set_global_opts(title_opts=opts.TitleOpts
                (title='商家A和商家B销售情况柱形图')))

# 渲染图表
bar.render_notebook()
```

上述代码使用 Python 中的 pyecharts 库对两个商家（商家 A 和商家 B）的销售数据进行可视化。商家 A 和商家 B 的销售情况柱形图如图 9-26 所示。

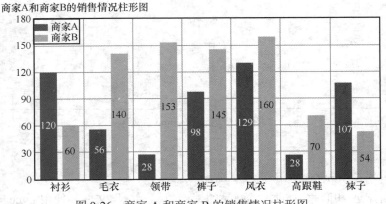

图 9-26　商家 A 和商家 B 的销售情况柱形图

注：图中销量单位为条/双/件。

如果条目较多，使用柱形图展示数据会显得拥挤，可以通过翻转 x 轴和 y 轴，使用条形图展示数据，从而更好地展示数据信息。我们只需要在绘制图表时调用 reversal_axis()

函数即可。下面是修改后的代码。

```
init_opts = opts.InitOpts(width = '800px', height = '600px')
bar = (
    Bar(init_opts)
        .add_xaxis(data.columns.tolist())
        .add_yaxis('商家A', data.loc['商家A'].tolist())
        .add_yaxis('商家B', data.loc['商家B'].tolist())
        .reversal_axis()
        .set_series_opts(label_opts = opts.LabelOpts(position = 'right'))
        .set_global_opts(title_opts = opts.TitleOpts
                        (title = '商家A和商家B销售情况条形图'),
                        legend_opts = opts.LegendOpts(pos_right = '20%'))
    )
bar.render_notebook()
```

代码运行后生成的图表如图 9-27 所示。

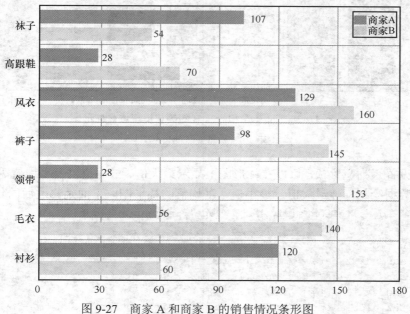

图 9-27　商家 A 和商家 B 的销售情况条形图

注：图中销量单位为条/双/件。

也可以将柱形图堆叠起来显示，即堆叠柱形图。堆叠柱形图是另一种有效展示多个类别数据的方式，并且可以更好地比较各类别之间的总体大小以及各类别内部的分布情况。下面是修改后的代码，使用堆叠柱形图展示数据。

```
init_opts = opts.InitOpts(width = '800px', height = '400px')
bar = (
    Bar(init_opts)
        .add_xaxis(data.columns.tolist())
        .add_yaxis('商家A', data.loc['商家A'].tolist(), stack = 'stack1',
```

```
                label_opts = opts.LabelOpts(position = 'insideTop'))
        .add_yaxis('商家 B', data.loc['商家 B'].tolist(), stack = 'stack1',
                label_opts = opts.LabelOpts(position = 'insideTop'))
        .set_global_opts(title_opts = opts.TitleOpts(
        title = '商家 A 和商家 B 销售情况堆叠柱形图'))
    )
bar.render_notebook()
```

代码运行后生成的图表如图 9-28 所示。

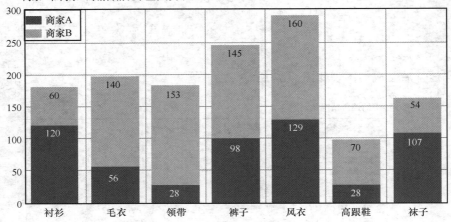

图 9-28　商家 A 和商家 B 的销售情况堆叠柱形图

注：图中销量单位为条/双/件。

通过设置系列配置项，可以在柱形图上显示最大值、最小值以及平均值等标注。如使用前图的数据绘制标注最大值、最小值、平均值的柱形图。下面是修改后的代码。

```
init_opts = opts.InitOpts(width = '800px', height = '400px')
bar = (
    Bar(init_opts)
        .add_xaxis(data.columns.tolist())
        .add_yaxis('商家 A', data.loc['商家 A'].tolist())
        .add_yaxis('商家 B', data.loc['商家 B'].tolist())
        .set_global_opts(title_opts = opts.TitleOpts(title = '指定标记点的柱形图
'))
        .set_series_optsv(
            label_opts = opts.LabelOpts(is_show = False),
            markpoint_opts = opts.MarkPointOpts(
                data = [
                    opts.MarkPointItem(type_ = 'max', name = '最大值'),
                    opts.MarkPointItem(type_ = 'min', name = '最小值'),
                ]
            )
        )
    )
bar.render_notebook()
```

运行代码后生成的图表如图 9-29 所示。

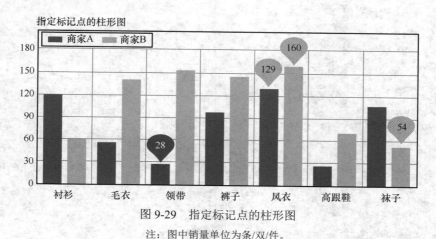

图 9-29　指定标记点的柱形图

注：图中销量单位为条/双/件。

使用"商家 A 和商家 B 的各类商品的销售数据.xlsx"绘制商家 A 和商家 B 的销售情况折线图，商家 A 的曲线设置了参数 is_smooth=True，在显示时为光滑的折线，而商家 B 的曲线没有进行设置，在显示时为不光滑的折线。

```
line = (Line()
  .add_xaxis(data.columns.tolist())
  .add_yaxis('商家A', data.loc['商家A'].tolist(), is_smooth = True) # 设置曲线光滑
  .add_yaxis('商家B', data.loc['商家B'].tolist())
  .set_global_opts(title_opts = opts.TitleOpts(title = '商家A和商家B的销售情况折线图'))
  # 设置全局选项
  )
line.render_notebook()
```

代码运行后生成的图表如图 9-30 所示。

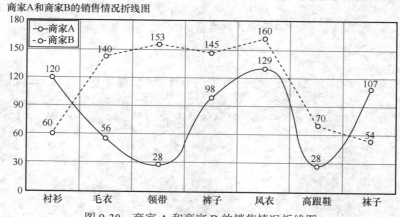

图 9-30　商家 A 和商家 B 的销售情况折线图

注：图中销量单位为条/双/件。

使用"商家 A 和商家 B 的各类商品的销售数据.xlsx"绘制商家 A 和商家 B 的销售情况面积图，具体代码如下。

```
line = (Line()
    .add_xaxis(data.columns.tolist())
    .add_yaxis('商家A', data.loc['商家A'].tolist(),
            areastyle_opts = opts.AreaStyleOpts(opacity = 0.5, color = 'red')
)
    # 设置填充颜色
    .add_yaxis('商家B', data.loc['商家B'].tolist(),
            areastyle_opts = opts.AreaStyleOpts(opacity = 0.6, color =
            'blue'))
    .set_global_opts(title_opts = opts.TitleOpts(title = '商家 A 和商家 B 的销售情况面
积图'))
# 设置全局选项
    )
line.render_notebook()
```

代码运行后生成的图表如图 9-31 所示。

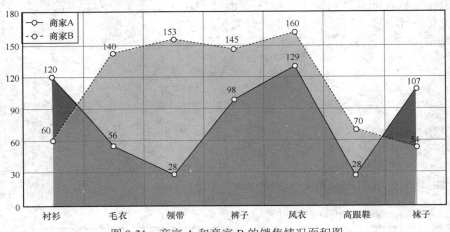

图 9-31　商家 A 和商家 B 的销售情况面积图

注：图中销量单位为条/双/件。

利用绘制折线图中的数据，绘制商家 B 的销售数据的饼图。具体代码如下。

```
pie = (Pie()
    .add('', [list(z) for z in zip(data.columns.tolist(),data.loc['商家B']
.tolist())])
    .set_global_opts(title_opts = opts.TitleOpts(title = '商家 B 销售情况饼图'))
    .set_series_opts(label_opts = opts.LabelOpts(formatter = '{b}:{c} ({d}%)')
)
)
pie.render_notebook()
```

代码运行后生成的图表如图 9-32 所示。由饼图可知，商家 B 的各类商品销量中，风衣的数量占比最多，为 20.46%，而袜子只占了 6.91%。

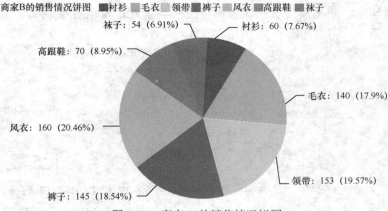

图 9-32　商家 B 的销售情况饼图

注：图中销量单位为条/双/件。

绘制商家 B 的销售情况环形图。环形图与饼图类似，但又有区别。环形图中间有一个空洞，每个样本用一个环来表示，样本中的每个分数据用环中的一段表示。可以通过在 add()方法中增加 radius 参数绘制环形图，具体代码如下。

```python
pie = (Pie(init_opts = opts.InitOpts(width = '810px', height = '400px'))
    .add('', [list(z) for z in zip(data.columns.tolist(),
        data.loc['商家B'].tolist())], radius = [20,100])
    .set_global_opts(title_opts = opts.TitleOpts(title = '商家 B 的销售情况环形图'))
    .set_series_opts(label_opts = opts.LabelOpts(formatter = '{b}:{c} ({d}%)'))
)
pie.render_notebook()
```

代码运行后生成的图表如图 9-33 所示。

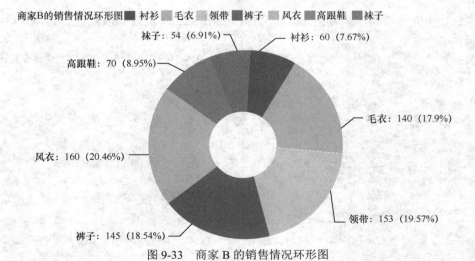

图 9-33　商家 B 的销售情况环形图

注：图中销量单位为条/双/件。

绘制商家 B 的销售情况玫瑰图。虽然玫瑰图与饼图、环形图反映的比例关系是一致的，但通过扇区圆心角来展现数据比例可以更一目了然地看出各组成部分所占的比例关系，具体代码如下。图表如图 9-34 所示。

```
pie = (Pie(init_opts = opts.InitOpts(width = '810px', height = '400px'))
    .add('', [list(z) for z in zip(data.columns.tolist(),
        data.loc['商家B'].tolist())],
        rosetype = 'radius', radius = [20, 100])
    .set_global_opts(title_opts = opts.TitleOpts(title = '商家B销售情况玫瑰图'))
    .set_series_opts(label_opts = opts.LabelOpts(formatter = '{b}:{c} ({d}%)')))
)
pie.render_notebook()
```

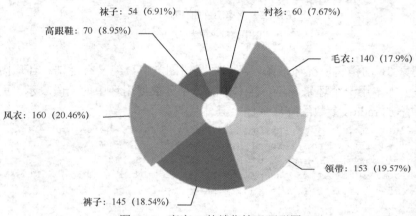

图 9-34　商家 B 的销售情况环形图

注：图中销量单位为条/双/件。

读取"学生身高和体重数据.xlsx"文件，使用 Scatter 类绘制散点图。具体代码如下。

```
# 读取数据
student_data = pd.read_excel('学生身高和体重数据.xlsx', header=None,engine=
"openpyxl")

# 取 student_data 的第一列数据替换 student_data 的 index 值
student_data.set_index([0], inplace=True)

# 绘制散点图
c=(Scatter(init_opts = opts.InitOpts(width='700px', height='400px'))
    .add_xaxis(xaxis_data = student_data.loc['身高'].tolist())
    .add_yaxis('散点图', y_axis = student_data.loc['体重'].tolist(), symbol_size = 20,
label_opts = opts.LabelOpts(is_show = False))
        .set_global_opts(
                title_opts = opts.TitleOpts(title = '体重与身高关系散点图', subtitle = ''),
                xaxis_opts = opts.AxisOpts(
                        type_ = 'value',
splitline_opts = opts.SplitLineOpts(is_show = True),
                        name = '身高/m'),
```

```
          yaxis_opts = opts.AxisOpts(name = '体重/kg',
                  type_ = 'value',
                  axistick_opts = opts.AxisTickOpts(is_show = True),
                  splitline_opts = opts.SplitLineOpts(is_show = True),
          ),
          tooltip_opts = opts.TooltipOpts(is_show = False),
))
# 渲染图表
c.render_notebook()
```

代码运行后，图表如图 9-35 所示。由图可知，体重和身高成正比关系，身高越高，体重越重。

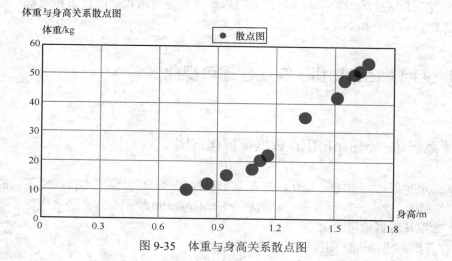

图 9-35　体重与身高关系散点图

5. 实训总结

本实训通过使用 pyecharts 库绘制交互式基础图形，包括柱形图、条形图、散点图、折线图和饼图，并对它们的绘制方法、特点以及配置方法进行讲解。

（1）柱形图和条形图

柱形图和条形图都用于显示分类数据的大小或数量之间的比较。柱形图的 x 轴通常表示不同的类别，y 轴表示数值，柱形的高度对应于数值的大小。条形图与柱形图类似，只是 x 轴和 y 轴的角色颠倒，横向展示，可以通过设置堆叠、簇状等方式，使图表更加直观地展示多组数据之间的对比。

（2）散点图

散点图用于表示两个数值型变量之间的关系。每个散点代表一个数据点，其中 x 轴表示一个变量的值，y 轴表示另一个变量的值。散点图可以用来发现两个变量之间的趋势、相关性或者异常值。

（3）折线图

折线图用于展示随着时间或顺序变化的数据趋势。数据点通过直线段连接，形成一条折线。折线图适用于显示时间序列数据或有序数据的演变过程，可以很好地揭示数据的趋势和周期性。

（4）饼图

饼图用于显示各类别在总体中的占比情况。饼图的圆心表示总体，每个扇形表示一个类别，并用角度大小来表示其占比。饼图适用于表现数据的相对份额，但不适用于展示大量分类或具有较小占比的数据。

在代码中，我们使用 pyecharts 库绘制了这些图形，并根据实训数据进行展示。对于每个图表，我们设置了不同的样式、标签、标题等，以增加图表的可读性和视觉效果。pyecharts 库提供了丰富的配置选项，可以根据需求进行图表样式和交互配置的个性化调整。使用.render_notebook()方法可将图表渲染在 Jupyter Notebook 中，以便直接在 Notebook 中查看和交互。这些图形的绘制和配置，可以更直观地展示数据的分布和关系，从而帮助我们更好地理解和分析数据。

9.2 使用 Matplotlib 实现数据可视化

导读案例　Matplotlib 数据可视化案例

Matplotlib 是一个功能强大的 Python 数据可视化库，它提供了丰富的绘图功能，适用于不同的应用场景。在本导读中，我们将介绍 Matplotlib 绘图的一些经典案例。

1. 鸢尾花数据集可视化

鸢尾花数据集可视化图像如图 9-36 所示。

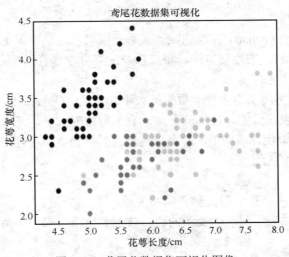

图 9-36　鸢尾花数据集可视化图像

鸢尾花数据集包含了 3 个不同种类的鸢尾花：Setosa、Versicolor 和 Virginica，每个样本都有 4 个特征：花萼长度、花萼宽度、花瓣长度和花瓣宽度。鸢尾花数据集是一个非常常用的基准数据集，它在数据可视化、机器学习和模型评估等方面被广泛应用。虽然它比较简单，但它作为一个学习和实践的工具非常有价值，并在许多教学和实验中广泛使用。图 9-36 可以帮助我们了解了鸢尾花数据集中花萼长度和宽度这两个特征之间的关系，以及不同种类鸢尾花在这个特征空间中的分布情况。通过这些信息，我们可以更好地理解数据的结构和特征，为后续的数据分析和建模提供参考和指导。

2. 波士顿房价数据集可视化

波士顿房价数据集可视化图像如图 9-37 所示。

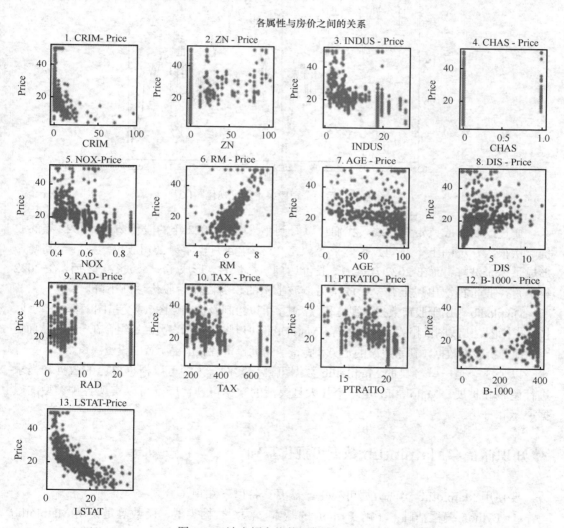

图 9-37　波士顿房价数据集可视化图像

波士顿房价数据集是一个经典的机器学习数据集，其中包含了波士顿不同地区的房屋信息及其对应的房价。对这个数据集进行数据可视化，可以探索各个属性与房价之间的关系，并为后续的数据分析和建模提供参考和指导。

3. 苹果公司股票走势可视化

苹果公司股票走势可视化图像如图 9-38 所示。

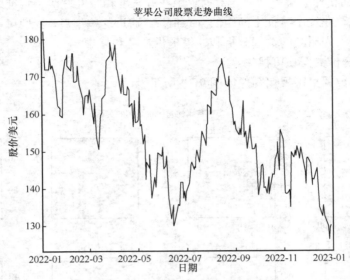

图 9-38　苹果公司股票走势可视化图像

通过绘制的股票走势曲线，我们可以看到苹果公司 2022 年的股价情况。2022 年的股价起伏很大，不断上下波动。具体来看，在 2022 年 4 月，苹果公司股价达到一个高峰，形成了一个波峰；而在 2022 年 6 月，股价达到一个低谷，形成了一个波谷。之后，在 2022年 7 月，股价再次出现上升，形成了另一波上涨的趋势。然后股价逐渐下降。

Matplotlib 常用于股市数据可视化和分析中，可以绘制股价走势图、成交量图、移动平均线、技术指标图、K 线图及相关性分析图等。Matplotlib 可以将这些图表灵活地组合在一起，从而更全面地分析股市数据，探索股票的走势和特征，帮助投资者做出更明智的投资决策。

以上 3 个是一些经典的 Matplotlib 数据可视化案例，读者可以根据自己的数据和需求进行调整和扩展。Matplotlib 是一个强大且灵活的数据可视化库，可以实现各种类型的数据展示和分析。

🌀知识储备 🌀Matplotlib 数据可视化基础

要使用 Matplotlib 实现数据可视化，需要具备以下知识。

① Python 编程基础：了解 Python 的基本语法、数据类型、函数等是使用 Matplotlib 的前提条件。熟悉基本的数据处理和操作能帮助你更好地准备数据用于可视化。

② 数据处理和分析基础：了解数据处理和数据分析的基本概念，知道如何从数据中提取和清洗需要用于可视化的信息。

③ 数据可视化基础：对数据可视化的基本概念和图表类型有一定了解，例如对柱形图、折线图、饼图、散点图等有一定的了解。

④ Matplotlib 库基础：学习 Matplotlib 的基本使用方法和 API，掌握如何创建图形、设置图表样式、添加标签等。

⑤ Matplotlib 子库基础：Matplotlib 有多个子库（如 Seaborn、pandas 绘图等），了解如何与其他库结合使用，可以拓展可视化的功能和样式。

⑥ 基本统计学知识：了解一些基本的统计学概念和方法，能够理解和分析数据的分布和趋势。

⑦ 图表交互功能基础：了解如何为图表添加交互功能，例如鼠标悬停提示、数据筛选、数据联动等。

⑧ 数据可视化设计原则：学会如何选择合适的图表类型、颜色和布局，以确保图表能够清晰地传达数据信息。

⑨ Jupyter Notebook 基础：了解如何在 Jupyter Notebook 等交互式环境中使用 Matplotlib，并能够在 Notebook 中嵌入图表。

9.2.1　使用 Matplotlib 绘制气泡图

气泡图类似于散点图，但它引入了第三个变量的信息。与散点图只能展示两个变量的值不同，气泡图通过调整气泡（圆圈）的大小来表示第三个变量的数值，从而增加了一个维度。

气泡图在数据分析和可视化中得到广泛应用，它帮助我们更好地理解 3 个变量间的关系。例如销售部门可以使用气泡图来展示产品的价格、销售量和利润之间的关系，以便制订更合理的价格和销售策略。在科学和工程领域，气泡图也经常用于展示物理实验中的数据点和关系。

气泡图之所以具有魅力，是因为它能够同时呈现多个变量之间的关系。通过调整气泡的大小、颜色和位置等属性，我们可以在一个图表中展示更多的信息，使复杂的数据关系变得清晰可见。除了用于展示数据，气泡图还可以用来讲述故事，激发人们的思考和探索。

在设计气泡图时，合理的数据映射和可视化属性的使用是至关重要的，要确保气泡的大小和位置等视觉编码与数据的含义相符，避免误导读者。同时，图表的标题、标签和图例等元素也需要充分利用，以帮助读者更好地理解图表中的信息。

下面我们以 9.1.4 节散点图的例子为基础，增加各省（自治区、直辖市）人口的这一维度，即使用 2022 年居民人均可支配收入、居民人均消费支出和人口数据，使用 Matplotlib 库创建气泡图，展示这 3 个变量之间的关系，帮助我们从数据中发现有价值的信息，并支持决策和沟通。

我们可以按照以下步骤创建散点图。

① 导入需要的库和模块，具体代码如下。

```
import pandas as pd
import matplotlib.pyplot as plt
import matplotlib.font_manager as fm
plt.rcParams['font.family'] = ['SimHei']   # 不设置则无法显示中文
```

matplotlib.pyplot 是 Matplotlib 库中的一个模块，提供了类似于 MATLAB 绘图接口的函数，使绘图变得简单而直观。当我们执行 import matplotlib.pyplot as plt 时，我们实际上是将 matplotlib.pyplot 模块重命名为 plt，以便在代码中更方便地调用它的函数。这是一个常见的做法，可使绘图函数调用更简洁、易读。

在 Matplotlib 中，默认情况下并不支持显示中文字符。这是因为默认的字体设置不包含中文字符，所以在图表中使用中文标签或文字时，Matplotlib 无法正确渲染中文字符，导致图表中的中文部分显示为空白或乱码。为了解决这个问题，我们通过 plt.rcParams['font.family'] = ['SimHei'] 将字体设置为 SimHei，这是一种支持中文字符的字体。这样一来，在绘制图表时，Matplotlib 就能正确显示中文字符，确保图表中的标签和文字能够正常显示。

② 读取数据文件，并将"居民人均可支配收入"列按升序进行排序，具体代码如下。

```
data = pd.read_csv("DPI_CPI_2022.csv", encoding = 'UTF-8')
data.sort_values("居民人均可支配收入",ascending = True,inplace = True)
```

在这里，我们使用 pandas 的 read_csv 函数读取文件，通过在 data.sort_values 函数中将参数 ascending=True，实现了按照"居民人均可支配收入"列升序排序的功能，确保 x 轴上的数据点按升序排列，从而更好地展现两个变量之间的趋势和关系。这样，绘制的气泡图的 x 轴将以升序方式展示数据点，有助于更好地理解变量之间的关系。

③ 获取省份名（自治区、直辖市）、居民人均可支配收入和居民人均消费支出数据，具体代码如下。

```
provinces = data['省份'].tolist()
dpi_values = list(map(str,data['居民人均可支配收入'].tolist()))
cpi_values = list(map(int,data['居民人均消费支出'].tolist()))
population = list(map(int,(data['人口']/100).tolist()))
```

在绘制气泡图时，气泡的大小通常代表某个维度的值。在这个例子中，population 列表作为气泡图的数据，表示每个省份（自治区、直辖市）的人口数量。将人口除以 100，是为了将原始的人口数值进行压缩。数据的缩放或归一化操作在数据可视化中是常见的做法，以确保数据在图表中更好表现。在这里，除以 100 是为了确保气泡的大小适中，同时保持数据的相对关系。

④ 创建散点图，并设置标题、x 轴和 y 轴的名称等，具体代码如下。

```
plt.scatter(dpi_values, cpi_values, population, alpha = 0.5)
# x 轴数据、y 轴数据、气泡数据、透明度
# 设置 x、y 轴标题
plt.xlabel("居民人均可支配收入/元")
plt.ylabel("居民人均消费支出/元")
plt.xticks(rotation = 45)
```

以上代码中，plt.scatter 是 matplotlib.pyplot 中用于绘制散点图的函数。它将 dpi_values 作为 x 轴数据，cpi_values 作为 y 轴数据，population 作为气泡数据，并使用 alpha=0.5 设置气泡的透明度为 0.5。这样，散点图中的每个数据点将由 dpi_values 和 cpi_values 决定其位置，气泡的大小由 population 决定，透明度为 0.5 表示气泡有一定的透明效果。

plt.xlabel 函数用于设置 x 轴的标题。这里将 x 轴的标题设置为"居民人均可支配收入"，以说明 x 轴所代表的数据含义。

plt.ylabel 函数用于设置 y 轴的标题。这里将 y 轴的标题设置为"居民人均消费支出"，以说明 y 轴所代表的数据含义。

plt.xticks 函数用于设置 x 轴刻度的属性。rotation=45 表示将 x 轴刻度标签旋转 45°，这样做是为了避免当省份（自治区、直辖市）名称较长时刻度标签重叠，使得标签更易于阅读。

　　⑤ 生成图表文件，具体代码如下。

```
plt.show()
```

plt.show()是 matplotlib.pyplot 中的一个函数，用于显示绘制好的图表。在使用 Matplotlib 绘图时，图表的构建和设置完成后，需要调用 plt.show()函数才能将图表显示出来。

　　在绘图过程中，所有的图表元素（标题、坐标轴、数据点等）都是在内存中进行绘制和设置的，但是并不会直接显示在屏幕上。只有当调用了 plt.show()函数时，Matplotlib 才会将图表绘制到屏幕上，以供我们观察和保存。生成的气泡图如图 9-39 所示。

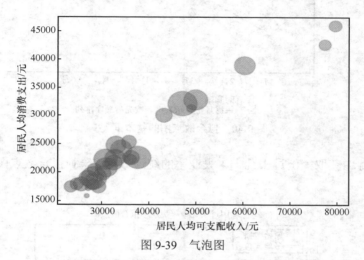

图 9-39　气泡图

注：居民人均可支配收入和居民人均消费支出的单位为元。

9.2.2　使用 Matplotlib 绘制拟合散点图

　　拟合散点图通过将散点图与拟合线（或曲线）相结合，反映数据的趋势或关联关系。这种方法在实际工作中非常有用，因为变量之间的关系未必都是线性的，拟合曲线可以更好地反映数据的复杂关系。

　　拟合曲线的目标是通过给定的离散数据点，建立数据之间的关系，从而构建一个数据模型，并使用该模型估算未知数据点的趋势。拟合曲线可以帮助我们理解数据的发展趋势和模式，尤其当数据量很大或者数据较为杂乱时，很难直观地识别其中的趋势。

　　在拟合散点图中，插值点的选择非常重要，只有合理选择插值点的间隔，才能确保拟合曲线光滑且符合实际数据。根据数据的特点和拟合目的，我们可以选择不同的拟合曲线类型，如线性拟合、多项式拟合、指数拟合等，以获得最佳拟合效果。

　　拟合散点图的基本框架如图 9-40 所示。

　　上述基本框架拟合了一条直线的图形，如果数据呈现的并不是一条直线的趋势，而是带有波峰波谷的数据，那么我们应该怎么处理？针对数据的非线性函数的线性模型是非常常见的，这种方法即可以像线性模型一样高效地运算，同时使得模型又可以适用于更为广泛的数据，多项式拟合就是这类算法中最为简单的一个。下面介绍在 Python 如何利用多项式拟合来处理数据。

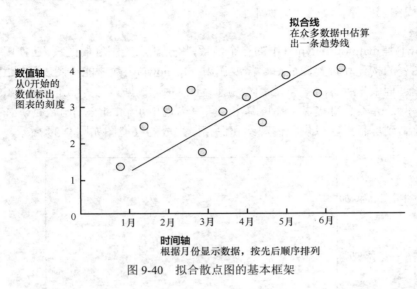

图 9-40　拟合散点图的基本框架

从随书资源中获取美国过去几十年失业率的统计数据，绘制拟合散点图，最终图表如图 9-41 所示。

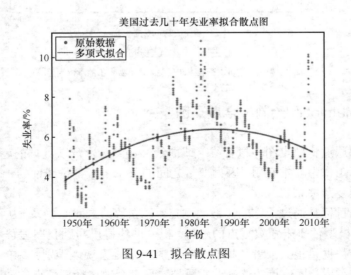

图 9-41　拟合散点图

在本次作图代码中，我们使用了 3 次多项式拟合，即 np.polyfit(year, unemployment_rate, 3)。拟合曲线用红色表示，并通过 poly_fit 函数得到了拟合后的数据点，用于绘制拟合的曲线。

这样，我们就可以更好地理解失业率数据的变化趋势，并通过多项式拟合来揭示其中的非线性规律。需要注意，多项式拟合不一定适用于所有数据，有时候需要尝试不同的拟合方法以找到最佳的拟合模型。它的实现代码如下。

```
import pandas as pd
import numpy as np
import matplotlib.pyplot as plt

# 读取从网站下载的失业率数据
data = pd.read_csv("unemployment-rate-1948-2010.csv")

# 提取年份和失业率数据
year = data["Year"]
unemployment_rate = data["Value"]

# 使用多项式拟合
coefficients = np.polyfit(year, unemployment_rate, 3)  # 使用 3 次多项式拟合

# 构建拟合曲线
poly_fit = np.poly1d(coefficients)
year_fit = np.linspace(year.min(), year.max(), 100)
unemployment_rate_fit = poly_fit(year_fit)

# 绘制拟合散点图
plt.scatter(year, unemployment_rate, label = "原始数据", s = 10)
plt.plot(year_fit, unemployment_rate_fit, label = "多项式拟合", color = 'red')
plt.xlabel("年份")
plt.ylabel("失业率")
plt.title("美国过去几十年失业率拟合散点图")
plt.legend()
plt.show()
```

这个拟合曲线在使用 plt.scatter 函数绘制完散点图的基础上，再通过 plt.plot 绘制曲线，从而将两个图表绘制在一个画布上，形成了拟合散点图。

具体实现过程如下。

首先通过 np.polyfit(year, unemployment_rate, 3)实现了对失业率数据进行 3 次多项式拟合，并得到拟合后的系数数组 coefficients。

其次通过 poly_fit = np.poly1d(coefficients)创建了一个多项式拟合对象 poly_fit，用于方便进行多项式拟合后的计算和操作。

然后使用 np.linspace(year.min(), year.max(), 100)生成一个包含 100 个元素的年份序列 year_fit，这个序列用于在绘制拟合曲线时作为 x 轴数据。

最后，通过之前创建的多项式拟合对象 poly_fit 计算拟合后的失业率数据，即 unemployment_rate_fit = poly_fit(year_fit)。

综合上述步骤，我们得到了绘制拟合曲线所需的数据：year_fit 和 unemployment_rate_fit。然后，将这些数据用于 plt.plot（year_fit, unemployment_rate_fit, label="多项式拟合", color='red'）代码来绘制拟合曲线，并通过 label 参数设置图例标签为"多项式拟合"，颜色设为红色。

通过这个过程，我们在同一张图表上绘制了拟合散点图，将原始数据用散点表示，并

绘制了拟合后的曲线，以反映失业率数据的趋势和模式。

9.2.3 使用 Matplotlib 绘制直方图

直方图是一种用于显示数据分布的数据可视化图表。它将数据划分为若干个间隔（或称为"箱子"），然后统计每个间隔内数据出现的频数或频率，并将其表示为垂直矩形条形，条形的高度表示该间隔内数据的频数或频率。

直方图和柱形图在形状上类似，但含义完全不同。直方图是统计学中常用的一种图表，首先要对数据进行分组，将数据按照一定的间隔划分成若干个组（箱子），然后统计每个组内数据元的数量（频数），或者统计每个组内数据元所占总数据的比例（频率）。在平面直角坐标系中，横轴标出每个组的端点，纵轴表示频数或频率，每个矩形的高度代表对应的频数或频率。直方图的组距是一个固定不变的值，它代表了每个组的间隔大小。直方图的基本框架如图 9-42 所示。

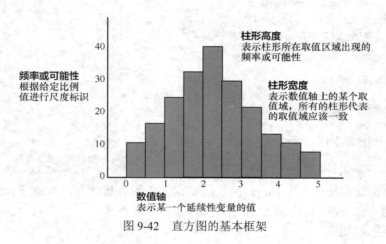

图 9-42　直方图的基本框架

下面我们取 Titanic 数据集，按数据集中的年龄分布绘制直方图，以探索 Titanic 船上人员的年龄分布情况，具体代码如下。

```
import pandas as pd
import matplotlib.pyplot as plt

# 读取 Titanic 数据集
data = pd.read_csv("titanic.csv")

# 提取年龄数据
age_data = data["age"].dropna()  # 去除缺失值

# 绘制直方图
plt.hist(age_data, bins = 20, edgecolor = 'black', alpha = 0.7)
# 设置分成 20 个箱子，边界颜色为黑色，透明度为 0.7
plt.xlabel("年龄")
plt.ylabel("人数/个")
```

```
plt.title("Titanic 船上人员年龄分布直方图")
plt.show()
```

在这段代码中，我们首先读取 Titanic 数据集，并提取其中的年龄数据。然后，为了绘制直方图，我们需要对数据进行数据清洗，因为绘制直方图时是不允许有缺失值的。在这里，我们选择的方式是使用 dropna()方法去除缺失值，即从年龄数据中去除空值。

然后使用 plt.hist()函数绘制直方图，bins 参数指定分成 20 个箱子，edgecolor 参数设置箱子的边界颜色为黑色，alpha 参数设置条形的透明度为 0.7。通过这些参数设置，我们可以得到一张具有箱子数合适且美观的直方图。

最后，我们设置 x 轴和 y 轴的标签以及图表的标题，通过 plt.xlabel("年龄")和 plt.ylabel("人数")设置 x 轴和 y 轴的标签，通过 plt.title("Titanic 船上人员年龄分布直方图")设置图表的标题。

我们通过 plt.show()显示绘制的直方图，如图 9-43 所示。这样我们就可以通过直方图来观察 Titanic 船上人员的年龄分布情况，进一步了解乘客的年龄结构。

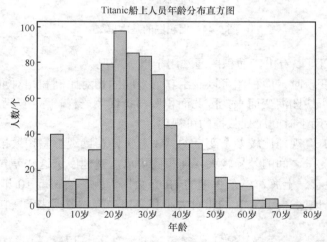

图 9-43　Titanic 船上人员年龄分布直方图

注：人数的单位是人。

从图 9-46 中我们可以看出，Titanic 船上的乘客年龄主要集中在 20 岁到 40 岁，并且年龄在 10 岁以下和 50 岁以上的乘客数量相对较少。

9.2.4　使用 Matplotlib 绘制面积图

面积图用于显示一个或多个变量随时间、顺序或其他连续变量的变化趋势。它在某些方面类似于折线图，但在绘制过程中，面积图会将线下方的区域填充，从而形成一个封闭的面积，可以直观地显示变量之间的相对大小和累积情况。

面积图通常用于展示数据随时间或其他连续变量的累积变化趋势。它在时间序列数据和频率分布数据的可视化中非常有用。通过填充线下方的区域，面积图使数据之间的相对大小和累积情况一目了然，同时也能帮助观察数据的波动和趋势。

面积图的基本框架如图 9-44 所示，其中 x 轴代表时间、顺序或其他连续变量，y 轴代表变量的数值，通过连接数据点并填充区域，形成封闭的面积。每个面积的颜色可以不同，以便区分不同的数据集或类别。

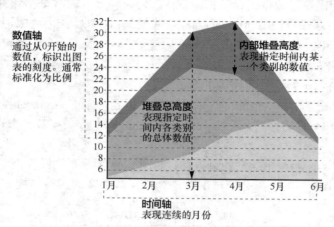

图 9-44　面积图的基本框架

从图 9-44 我们可以看出，面积图通常用于以下情况。

① 当有多个变量时，面积图可以显示它们之间的相对比例和相对重要性。

② 面积图从折线图演变而来，因此面积图与折线图一样，常用于显示变量随时间的变化趋势，特别适用于时间序列数据的可视化。

③ 面积图能够直观地比较多个变量的累积总量，帮助观察累积效果。

④ 如果多个变量之间的差异较大，面积图可以清楚地展示这些差异。

下面我们以北京、上海、广东 3 地的 GDP 数据为例，绘制近 10 年来这 3 地的 GDP 面积图，展示 3 个地区之间 GDP 的相对大小和变化趋势。数据来源于国家统计局。以下是实现代码。

```
import pandas as pd
import matplotlib.pyplot as plt

# 读取数据
data = pd.read_csv("gdp.csv",encoding = "GBK")

# 提取各地区的年份和 GDP 数据
years = list(data.columns)[1:]
gdp_beijing = list(data[data["地区"] == "北京市"].iloc[0])[1:]
gdp_shanghai = list(data[data["地区"] == "上海市"].iloc[0])[1:]
gdp_guangdong = list(data[data["地区"] == "广东省"].iloc[0])[1:]

# 绘制面积图
plt.stackplot(years, gdp_beijing, gdp_shanghai, gdp_guangdong, labels =
["北京 GDP", "上海 GDP", "广东 GDP"])
plt.xlabel("年份")
plt.ylabel("GDP/亿元")
plt.title("近 10 年来北京、上海、广东 3 地 GDP 面积图")
```

```
plt.legend(loc = 'upper left')
plt.show()
```

在上述代码中，我们使用 stackplot() 函数来绘制面积图。stackplot() 函数接受多个 y 轴数据，它会将这些数据按顺序叠加，填充不同颜色的区域形成面积图。我们将北京、上海、广东的 GDP 数据作为不同的 y 轴数据，通过 labels 参数设置图例标签。北京、上海、广东近 10 年 GDP 面积图如图 9-45 所示。

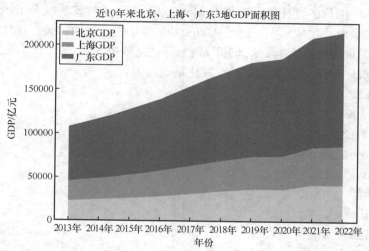

图 9-45　北京、上海、广东近 10 年 GDP 面积图

从图 9-45 我们可以看出，北京、上海和广东 3 地的 GDP 总体呈现增长趋势，随着时间的推移，GDP 都在不断上升。这显示了 3 个地区经济的整体发展态势。

通过观察面积图的颜色深浅，可以直观地比较 3 个地区的 GDP 大小。广东的 GDP 在过去 10 年始终处于最高水平，其次是上海，北京的 GDP 相对较低。这表明广东在这段时间内一直是中国经济的重要增长引擎。

通过观察面积图的斜率，我们可以粗略地判断不同地区 GDP 的增长速率。斜率较陡的地方表示 GDP 增长速率较快，斜率较缓的地方表示增长速率较慢。可以看到，在大部分时间段内，广东的 GDP 增长速率较快，北京和上海的增长速率相对稳定。

实训操作　使用 Matplotlib 制作可视化图表

下面我们通过一个综合实训来巩固和拓展使用 Matplotlib 库绘制可视化图表的知识。

1．实训名称

使用 Matplotlib 绘制可视化图表。

2．实训目的

通过该实训，要求学生能够熟练使用 Matplotlib 基本图表进行可视化展示、掌握使用该工具绘制图表的一般化流程、掌握使用 Matplotlib 实现特征分析的方法、掌握使用 Matplotlib 实现数据分布情况分析的方法等。

3．实训背景

Matplotlib 是常用的数据可视化基础库，它可与 NumPy、pandas 一起使用，提供了一种有效的 MATLAB 开源替代方案。

4．实训原理

① Matplotlib 是 Python 的可视化基础库，作图风格和 MATLAB 类似，所以称为 Matplotlib。

② Python 中的很多可视化库都基于 Matplotlib 进行了封装，如 Seaborn 是一个基于 Matplotlib 的高级可视化效果库，针对 Matplotlib 做了更高级的封装，让作图变得更加容易。你可以用少量的代码绘制更多维度数据的可视化效果图。

③ 使用 Matplotlib 可以展示多种可视化基本图表。

5．实训环境

① Python 3.6.5。

② pandas 1.1.5。

③ Matplotlib 3.3.4。

④ Seaborn 0.11.2。

6．实训步骤

（1）环境搭建

① 环境准备，安装所需的库，具体代码如下。

```
pip install matplotlib
pip install seaborn
```

② 打开 Jupyter Notebook，具体命令如下。

```
jupyter notebook
```

在打开的浏览器端，新建 Python 3 文件，如图 9-46 所示。

图 9-46　新建 Python 3 文件

（2）绘制基础图表

1）绘制柱形图。

柱形图通常用于直观地对比数据，在实际工作中使用频率很高。在 Matplotlib 中可以通过 bar() 绘制出柱形图。示例代码如下，结果如图 9-47 所示。

```
import matplotlib.pyplot as plt
import matplotlib.font_manager as fm
plt.rcParams['font.family'] = ['SimHei']    # 不设置则无法显示中文
plt.bar([1, 2, 3, 4], [1, 4, 2, 3])         # 绘制图像
plt.show()
```

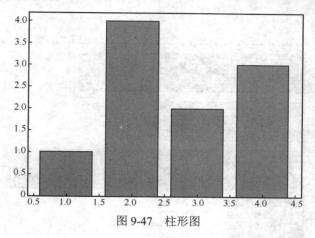

图 9-47　柱形图

如果想修改柱形的颜色、宽度，可以通过 color 和 width 参数进行设置。

color：支持通过代码快速设置常见的颜色，如 r 代表红色，blue 代表蓝色，也支持十六进制和 RGB（A）格式颜色设置。

width：数值范围 0~1，默认 0.8。

```
import matplotlib.pyplot as plt
```
示例代码如下。
```
plt.bar([1, 2, 3, 4], [1, 4, 2, 3], color = (0.2, 1.0, 1.0), width = 0.5)
    # 绘制图像
plt.show()
```
代码运行后的结果如图 9-48 所示。

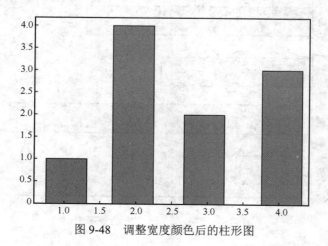

图 9-48　调整宽度颜色后的柱形图

2）绘制条形图。

条形图同样常用来进行数据的对比展示，可以简单看作是柱形图经过翻转 90°后的图表。使用"barh()"可以进行条形图的绘制，示例代码如下，结果如图 9-49 所示。

```
import matplotlib.pyplot as plt
plt.rcParams['font.sans-serif'] = 'Microsoft YaHei'
plt.barh(["深圳", "广州", "北京", "上海"], [1, 4, 2, 3])  # 绘制图像
plt.show()
```

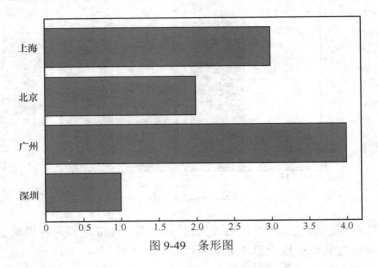

图 9-49　条形图

注意，当柱子翻转后，原柱形的"宽度"从参数 width 变成了 height，代码如下。

```
import matplotlib.pyplot as plt
plt.barh(["深圳", "广州", "北京", "上海"], [1, 4, 2, 3], height = 0.5, color = "
    #0aff00")  # 绘制图像
plt.show()
```

代码运行后，结果如图 9-50 所示。

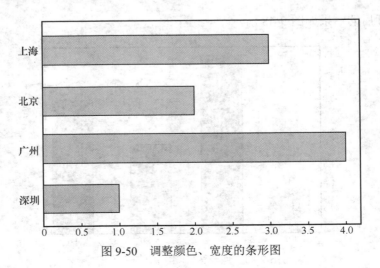

图 9-50　调整颜色、宽度的条形图

3）绘制折线图。

折线图通常用于展示一段时间内的趋势，可以通过 plot()进行折线图的绘制，示例代码如下。

```
import matplotlib.pyplot as plt
plt.plot([1, 2, 3, 4], [1, 4, 2, 3]) # 绘制图像
plt.show()
```

代码运行后，结果如图 9-51 所示。

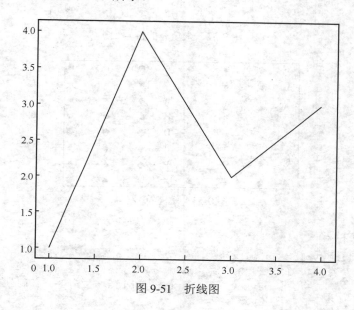

图 9-51　折线图

通过 linewidth 和 linestyle 可以进行线宽和线型的设置。

linestyle 可接受的参数如表 9-2 所示。

表 9-2　linestyle 可接受的参数

参数	简写
'solid'(default)	'-'
'dotted'	':'
'dashed'	'- -'
'dashdot'	'-.'
'None'	"或"

至于展示出来是什么效果，读者可以依次尝试一下。

通过设置 marker 和 makersize 可以绘制带标记点的折线图。

支持的 maker 样式如图 9-52、图 9-53 所示。

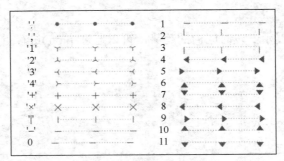

图 9-52　未填充的符号

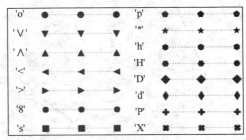

图 9-53　填充符号

示例代码如下。

```
import matplotlib.pyplot as plt
plt.plot([1, 2, 3, 4], [1, 4, 2, 3], color = 'blue', linewidth = 2,
        linestyle = '-.', marker = '*', markersize = 15)   # 绘制图像
plt.show()
```

代码运行后，结果如图 9-54 所示。

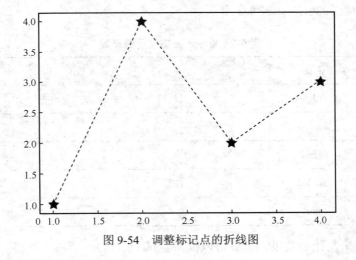

图 9-54　调整标记点的折线图

4）绘制面积图。

面积图其实就是折线图的另一种展示，相当于对折线图进行了区域颜色填充。在

Matplotlib 中可以通过 stackplot()进行面积图的绘制。

示例代码如下。

```
import matplotlib.pyplot as plt
plt.stackplot([1, 2, 3, 4], [1, 4, 2, 3], color = (0.4, 0.2, 0.1, 0.1))
# 绘制图像
plt.show()
```

代码运行后，结果如图 9-55 所示。

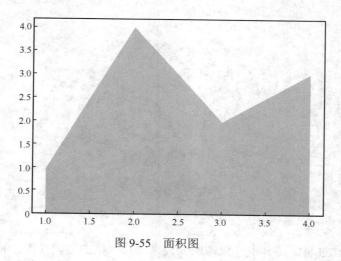

图 9-55 面积图

5）绘制饼图。

饼图通常用于展示各种类别数据的占比。在 Matplotlib 中可以通过 pie()进行饼图的绘制。示例代码如下，结果如图 9-56 所示。

```
import matplotlib.pyplot as plt
# labels用于饼图标签的设置
plt.pie([1, 4, 2, 3], labels = ["深圳", "广州", "北京", "上海"])  # 绘制图像
plt.show()
```

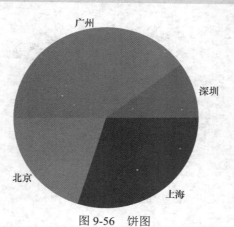

图 9-56 饼图

在制作饼图时我们通常需要展示百分比，在 Matplotlib 中可以通过 atuopct 参数进行设置。示例代码如下。代码运行后的结果如图 9-57 所示。

```
import matplotlib.pyplot as plt
# labels 用于饼图标签的设置
plt.pie([1, 4, 2, 3], labels = ["深圳", "广州", "北京", "上海"], autopct = '%.
    2f%%')  # 绘制图像
plt.show()
```

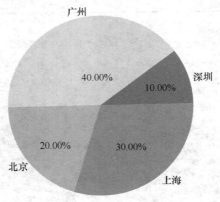

图 9-57　展示百分比的饼图

我们可以通过将饼图其中一块区域分离来进行数据的强调显示，示例代码如下。代码运行后的结果如图 9-58 所示。

```
import matplotlib.pyplot as plt
# labels 用于饼图标签的设置
plt.pie([1, 4, 2, 3], labels = ["深圳", "广州", "北京", "上海"],
        autopct = '%.2f%%', explode = [0, 0, 0.2, 0])  # 绘制图像
plt.show()
```

图 9-58　区域分离的饼图

可以通过参数 labeldistance 和 pctdistance 设置标签和百分比的显示位置，示例代码如

下，结果如图 9-59 所示。

```
import matplotlib.pyplot as plt
# labels 用于饼图标签的设置
plt.pie([1, 4, 2, 3], labels = ["深圳", "广州", "北京", "上海"],
        autopct = '%.2f%%', labeldistance = 1.2, pctdistance = 0.6)
# 绘制图像
plt.show()
```

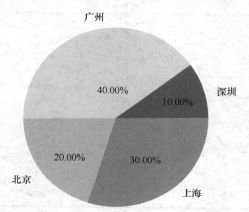

图 9-59　调整标签及百分比位置的饼图

通过设置 wedgeprops 参数还可以绘制圆环图，示例代码如下，结果如图 9-60 所示。

```
import matplotlib.pyplot as plt
# labels 用于饼图标签的设置
plt.pie([1, 4, 2, 3], labels = ["深圳", "广州", "北京", "上海"],
        autopct = '%.2f%%', pctdistance = 0.8,
        wedgeprops = {'width': 0.3, 'linewidth': 2, 'edgecolor': 'w'}) # 绘制图像
plt.show()
```

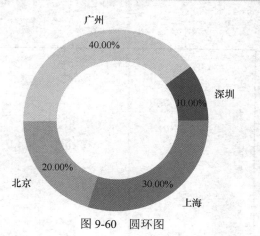

图 9-60　圆环图

6）绘制散点图。

散点图通常用于展示数据之间的相关关系，可以通过 scatter() 函数进行散点图的绘制。

示例代码如下，结果如图 9-61 所示。

```
import random
import matplotlib.pyplot as plt
data_x = [random.randint(1, 100) for _ in range(100)]
data_y = [random.randint(1, 100) for _ in range(100)]
plt.scatter(data_x, data_y)
plt.show()
```

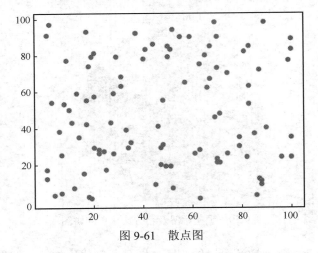

图 9-61 散点图

散点图除了可以通过 x 轴、y 轴反映数据，还可以通过 "点" 的颜色和大小来反映数据，可以最多展示 4 个维度的数据。示例代码如下，结果如图 9-62 所示。

```
import random
import matplotlib.pyplot as plt
data_x = [random.randint(1, 100) for _ in range(100)]
data_y = [random.randint(1, 100) for _ in range(100)]
plt.scatter(data_x, data_y)
plt.show()
```

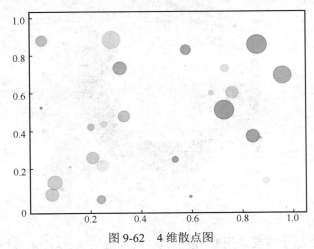

图 9-62 4 维散点图

除此之外，我们还可以通过 marker 去设置标记点的形状，通过 edgecolor 去设置标记点的边框颜色。示例代码如下，结果如图 9-63 所示。

```python
import numpy as np
import matplotlib.pyplot as plt

N = 30
x = np.random.rand(N)
y = np.random.rand(N)
colors = np.random.rand(N)
area = np.pi * (15 * np.random.rand(N))**2

plt.scatter(x, y,
            # 图形大小
            s = area,
            # 颜色
            c = colors,
            # 透明度
            alpha = 0.2,
            # 标记点形状
            marker = '*',
            # 边框颜色
            edgecolor = 'blue'
            )
plt.show()
```

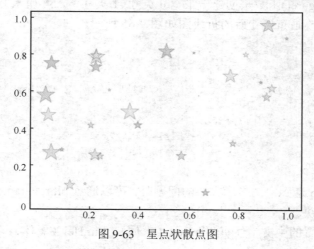

图 9-63 星点状散点图

（3）图表元素设置

1）修改点线形状。

示例代码如下，结果如图 9-64 所示。

```python
%matplotlibinline
import matplotlib.pyplot as plt

plt.rcParams['font.sans-serif'] = 'Microsoft YaHei'
```

```
x = ['1月', '2月', '3月', '4月', '5月', '6月', '7月', '8月', '9月', '10月',
    '11月', '12月']
y = [123, 145, 152, 182, 147, 138, 189, 201, 203, 211, 201, 182]
plt.plot(x, y, linestyle = '-.', marker = 'p', markersize = 10)   # 绘制图像
plt.show()
```

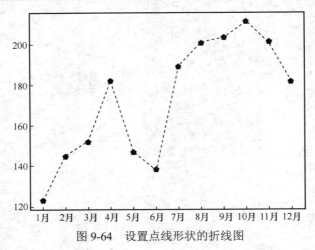

图 9-64　设置点线形状的折线图

2）修改画布尺寸。

可以通过 plt.figure()函数来创建一张宽 6 英寸（1 英寸≈2.54 厘米），长 8 英寸的画布，示例代码如下。修改画布尺寸后的折线图如图 9-65 所示。

```
import matplotlib.pyplot as plt

plt.figure(figsize = (8, 6))
x = ['1月', '2月', '3月', '4月', '5月', '6月', '7月', '8月', '9月', '10月',
    '11月', '12月']
y = [123, 145, 152, 182, 147, 138, 189, 201, 203, 211, 201, 182]
plt.plot(x, y, linestyle = '-.', marker = 'o', markersize = 10)   # 绘制图像
plt.show()
```

3）显示中文字体。

使用 Matplotlib 遇到中文显示方块的问题时，可以通过 plt.rcParams ['font.sans-serif'] = 'Microsoft YaHei'解决。

我们还可以设置的中文字体有 SimSun（宋体）、SimHei（黑体）、Kaiti（楷体）等。具体示例代码如下。

```
import matplotlib.pyplot as plt

plt.rcParams['font.sans-serif'] = 'Microsoft YaHei'
plt.figure(figsize = (8, 6))
x = ['1月', '2月', '3月', '4月', '5月', '6月', '7月', '8月', '9月', '10月',
    '11月', '12月']
y = [123, 145, 152, 182, 147, 138, 189, 201, 203, 211, 201, 182]
plt.plot(x, y, linestyle = '-.', marker = 'o', markersize = 10)    # 绘制图像
```

```
plt.show()
```

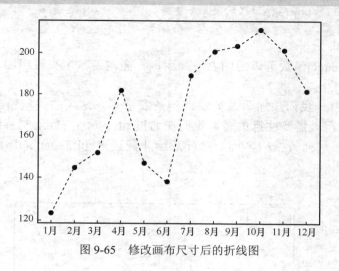

图 9-65　修改画布尺寸后的折线图

4）添加图表标题。

通过 plt.title()函数可以在图表中设置标题，字体样式可以通过 fontdict 进行设置。

通过 loc 参数可以设置标题的显示位置，支持的参数有'center'（居中）、'left'（靠左）、'right'（靠右）。示例代码如下。添加标题的折线图如图 9-66 所示。

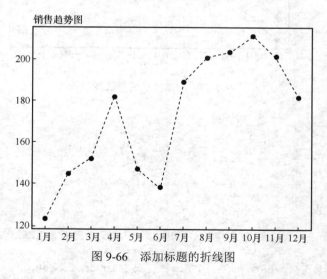

图 9-66　添加标题的折线图

```
import matplotlib.pyplot as plt

plt.rcParams['font.sans-serif'] = 'Microsoft YaHei'
plt.figure(figsize = (8, 6))
x = ['1月', '2月', '3月', '4月', '5月', '6月', '7月', '8月', '9月', '10月',
    '11月', '12月']
y = [123, 145, 152, 182, 147, 138, 189, 201, 203, 211, 201, 182]
plt.title("销售趋势图", fontdict = {'family':' Microsoft YaHei', 'color': 'k',
```

```
                'size': 15}, loc = 'left')
plt.plot(x, y, linestyle = '-.', marker = 'o', markersize = 10)   # 绘制图像
plt.show()
```

5）添加图例。

通过 plt.legend()函数可以给图表添加图例。图例通常用来说明图表中每个系列的数据。

在图 9-67 中，我们添加两条折线，一条表示华东地区的销售情况，一条表示华中地区的销售情况。需要注意的是，我们在通过 plt.plot()函数绘制折线时，需要通过 label 参数设置该系列数据的名称，这样后续才能通过 plt.legend()添加图例。具体代码如下。

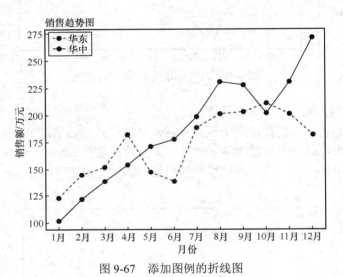

图 9-67　添加图例的折线图

```
import matplotlib.pyplot as plt

plt.rcParams['font.sans-serif'] = 'Microsoft YaHei'
plt.figure(figsize = (8, 6))
x = ['1月', '2月', '3月', '4月', '5月', '6月', '7月', '8月', '9月', '10月',
    '11月', '12月']
y1 = [123, 145, 152, 182, 147, 138, 189, 201, 203, 211, 201, 182]
y2 = [102, 121, 138, 154, 171, 178, 199, 231, 228, 202, 231, 271]

plt.title("销售趋势图", fontdict = {'family':' Microsoft YaHei', 'color': 'k',
        'size': 15}, loc = 'left')
plt.plot(x, y1, linestyle = '-.', marker = 'o', markersize = 10, color =
        'r', label = '华东')   # 绘制图像
plt.plot(x, y2, linestyle = '-', marker = 'o', markersize = 10, color =
        'y', label = '华中')    # 绘制图像
plt.xlabel("月份", fontdict = {'family':'Microsoft YaHei', 'color': 'k',
        'size': 12}, labelpad = 10)
plt.ylabel("销售额/万元", fontdict = {'family':'Microsoft YaHei', 'color':
```

```
          'k', 'size': 12}, labelpad = 10)
plt.legend(loc = 'best', fontsize = 12)
# best 表示 Matplotlib 根据图表自动选择最优位置
plt.show()
```

6）添加数据标签。

可以通过 plt.text()函数对图表添加文本，但是一次只能添加一个点，因此若要给每个数据项都添加标签，我们需要通过 for 循环来实现。

plt.text()函数有 3 个重要的参数：x、y 、s，通过 x 和 y 确定显示位置，s 为需要显示的文本，另外还有 va 和 ha 两个参数设置文本的显示位置（靠左、靠右、居中等）。示例代码如下。添加数据标签的折线图如图 9-68 所示。

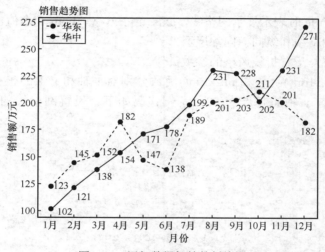

图 9-68　添加数据标签的折线图

```
import matplotlib.pyplot as plt

plt.rcParams['font.sans-serif'] = 'Microsoft YaHei'
plt.figure(figsize = (8, 6))
x = ['1月', '2月', '3月', '4月', '5月', '6月', '7月', '8月', '9月', '10月',
     '11月', '12月']
y1 = [123, 145, 152, 182, 147, 138, 189, 201, 203, 211, 201, 182]
y2 = [102, 121, 138, 154, 171, 178, 199, 231, 228, 202, 231, 271]

plt.title("销售趋势图", fontdict = {'family':'Microsoft YaHei', 'color':
          'k', 'size': 15}, loc = 'left')
plt.plot(x, y1, linestyle = '-.', marker = 'o', markersize = 10, color =
         'r', label = '华东')   # 绘制图像
plt.plot(x, y2, linestyle = '-', marker = 'o', markersize = 10, color =
         'y', label = '华中')   # 绘制图像
plt.xlabel("月份", fontdict = {'family':'Microsoft YaHei', 'color': 'k',
           'size': 12}, labelpad = 10)
plt.ylabel("销售额/万元", fontdict = {'family':'
```

```
                Microsoft YaHei', 'color': 'k', 'size': 12}, labelpad = 10)
plt.legend(loc = 'best', fontsize = 12)
# best 表示 Matplotlib 根据图表自动选择最优位置

for a, b, c in zip(x, y1, y2):
    plt.text(a, b, b, va = 'bottom', fontdict = {"size":14})
    plt.text(a, c, c, va = 'top', fontdict = {"size":14})
plt.show()
```

7）添加网格线和坐标轴范围。

通过网格线，用户可以容易看出数据项的大致值。通过前述方式展示所有数据标签时，可能会让整个图表显得比较杂乱，我们可以使用 grid()函数添加网格线来展示数据项大致的值。

其参数 b 为 True 时表示展示网格线，axis 支持 x、y、both 3 个值，分别表示展示纵向网格线、横向网格线和纵向横向都展示。

其余线型配置与配置折线风格的参数类似。

可以通过 plt.ylim()函数和 plt.xlim()函数分别对 y 轴和 x 轴的坐标范围进行配置，譬如我们可以设置 y 轴的起点为 50。示例代码如下。设置网格线的折线图如图 9-69 所示。

```
import matplotlib.pyplot as plt

plt.rcParams['font.sans-serif'] = 'Microsoft YaHei'
plt.figure(figsize = (8, 6))
x = ['1月', '2月', '3月', '4月', '5月', '6月', '7月', '8月', '9月', '10月',
    '11月', '12月']
y1 = [123, 145, 152, 182, 147, 138, 189, 201, 203, 211, 201, 182]
y2 = [102, 121, 138, 154, 171, 178, 199, 231, 228, 202, 231, 271]

plt.title("销售趋势图", fontdict = {'family':' Microsoft YaHei', 'color':
        'k', 'size': 15}, loc = 'left')
plt.plot(x, y1, linestyle = '-.', marker = 'o', markersize = 10, color =
        'r', label = '华东')   # 绘制图像
plt.plot(x, y2, linestyle = '-', marker = 'o', markersize = 10, color =
        'y', label = '华中')   # 绘制图像
plt.xlabel("月份", fontdict = {'family':' Microsoft YaHei', 'color':
        'k', 'size': 12}, labelpad = 10)
plt.ylabel("销售额/万元", fontdict = {'family':' Microsoft YaHei', 'color':
        'k', 'size': 12}, labelpad = 10)
plt.legend(loc = 'best', fontsize = 12)
# best 表示 Matplotlib 根据图表自动选择最优位置
# 设置坐标轴范围
plt.ylim(50, 300)
# 添加网格线
plt.grid(b = True, axis = 'y', linestyle = '--', linewidth = 1, color =
        'grey')
plt.show()
```

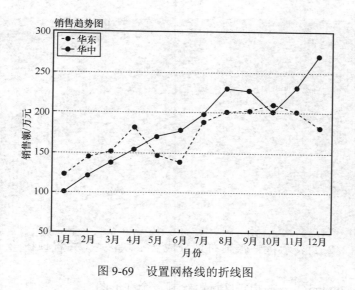

图 9-69　设置网格线的折线图

（4）复杂场景应用

1）绘制多图。

有时候一个图表并不能说明问题，需要通过多子图进行展现。示例代码如下，结果如图 9-70 所示。

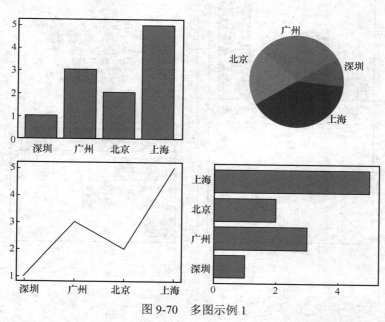

图 9-70　多图示例 1

```python
import matplotlib.pyplot as plt
plt.rcParams['font.sans-serif'] = 'Microsoft YaHei'

x = ["深圳", "广州", "北京", "上海"]
y = [1, 3, 2, 5]
```

```
plt.subplot(2, 2, 1)
plt.bar(x, y)

plt.subplot(2, 2, 2)
plt.pie(y, labels = x)

plt.subplot(2, 2, 3)
plt.plot(x, y)

plt.subplot(2, 2, 4)
plt.barh(x, y)

plt.show()
```

plt.subplot(2, 2, 1)表示将整张画布划分成 2×2 块区域,并置顶在第一块区域中绘制图表。

接下来通过 plt.bar(x, y)在指定区域内绘制一个柱形图。

Matplotlib 中有两种绘图方式,同样的效果我们可以通过如下代码来实现,结果如图 9-71 所示。

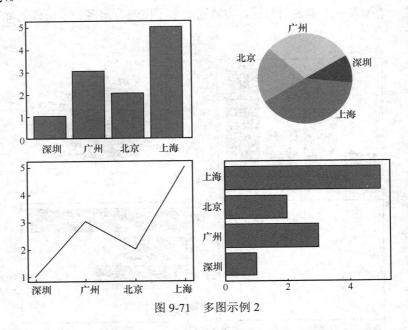

图 9-71 多图示例 2

```
import matplotlib.pyplot as plt

x = ["深圳", "广州", "北京", "上海"]
y = [1, 3, 2, 5]

fig, axs = plt.subplots(2, 2)
axs[0][0].bar(x, y)
axs[0][1].pie(y, labels = x)
```

```
axs[1][0].plot(x, y)
axs[1][1].barh(x, y)
plt.show()
```

2）绘制不均匀子图。

有些情况下，我们不希望所有的图表大小都是一样的，因为这样会显得整个画布毫无重点。

我们可以通过 add_gridspec()函数将整个画布划分成不均匀的区域。

spec = fig.add_gridspec（nrows=2, ncols=2, width_ratios=[1, 3], height_ratios=[1,2]）表示将整个画布裁剪为 2 行 2 列的区域，width_ratios=[1, 3]表示横向将 2 列的宽度按照 1 ：3 进行裁剪，同理，height_ratios=[1,2]表示纵向按照 1:2 进行裁剪。示例代码如下，不均匀子图如图 9-72 所示。

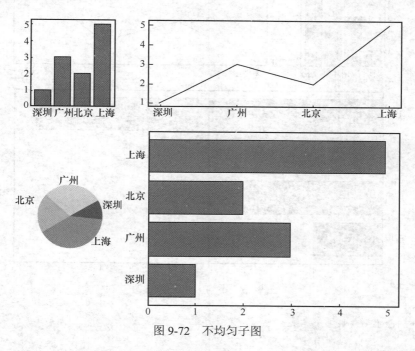

图 9-72　不均匀子图

```
import matplotlib.pyplot as plt

x = ["深圳", "广州", "北京", "上海"]
y = [1, 3, 2, 5]

fig = plt.figure(figsize = (10, 8))
spec = fig.add_gridspec(nrows = 2, ncols = 2, width_ratios = [1, 3],
                        height_ratios = [1,2])
ax = fig.add_subplot(spec[0, 0])
ax.bar(x, y)

ax = fig.add_subplot(spec[0, 1])
ax.plot(x, y)
```

```
ax = fig.add_subplot(spec[1, 0])
ax.pie(y, labels = x)

ax = fig.add_subplot(spec[1, 1])
ax.barh(x, y)

plt.show()
```

spec 还支持切片的方式，譬如我们将第二行展示为整个条形图。示例代码如下。效果如图 9-73 所示。

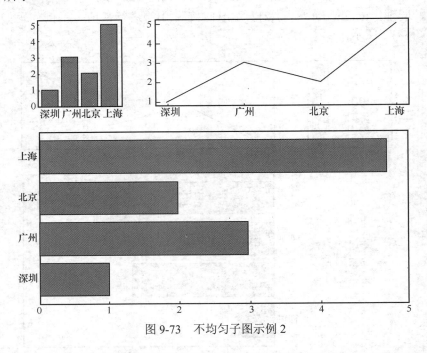

图 9-73　不均匀子图示例 2

```
import matplotlib.pyplot as plt

x = ["深圳", "广州", "北京", "上海"]
y = [1, 3, 2, 5]

fig = plt.figure(figsize = (10, 8))
spec = fig.add_gridspec(nrows = 2, ncols = 2, width_ratios = [1, 3],
                        height_ratios = [1,2])
ax = fig.add_subplot(spec[0, 0])
ax.bar(x, y)
ax = fig.add_subplot(spec[0, 1])
ax.plot(x, y)
# 第二行整块区域显示条形图
ax = fig.add_subplot(spec[1, :])
ax.barh(x, y)
```

```
# 调整各区域之间的距离
plt.subplots_adjust(hspace = 0.3, wspace = 0.2)
plt.show()
```

3）设置双 y 轴。

当多个系列的数据值量级差别太大时，依赖同一个坐标轴来展示通常效果较差，如需要将销售额和利润同时展示时。

这时我们可以通过 plt.twinx() 函数添加次坐标轴。示例代码如下。双 y 轴的销售趋势图如图 9-74 所示。

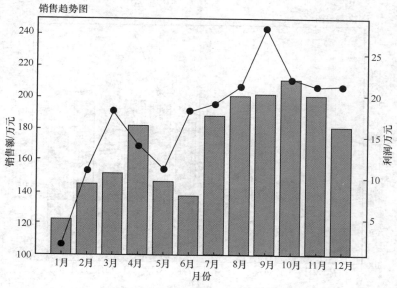

图 9-74　双 y 轴的销售趋势图示例 1

```
import matplotlib.pyplot as plt

plt.rcParams['font.sans-serif'] = 'Microsoft YaHei'
plt.figure(figsize = (8, 6))
x = ['1月', '2月', '3月', '4月', '5月', '6月', '7月', '8月', '9月', '10月',
    '11月', '12月']
y1 = [123, 145, 152, 182, 147, 138, 189, 201, 203, 211, 201, 182]
y2 = [2, 11, 18, 14, 11, 18, 19, 21, 28, 22, 21, 21]

# 绘制柱形图
plt.title("销售趋势图", fontdict = {'family':'Microsoft YaHei', 'color':
        'k', 'size': 15}, loc = 'left')
plt.bar(x, y1, color = 'b', alpha = .5, label = '销售额')  # 绘制图像
plt.ylabel("销售额/万元", fontdict = {'family':'Microsoft YaHei', 'color':
        'k', 'size': 12}, labelpad = 10)
plt.ylim(100, 250)

# 添加次坐标轴
```

```
plt.twinx()
plt.plot(x, y2, linestyle = '-', marker = 'o', markersize = 10, color =
        'r', label = '利润')   # 绘制图像
plt.ylabel("利润/万元", fontdict = {'family':'Microsoft YaHei', 'color':
        'k', 'size': 12}, labelpad = 10)
plt.show()
```

　　需要注意的是,twinx()函数或者twiny()函数会返回一个共享 x 轴或者 y 轴的新的轴域。如果我们通过 plt.subplots()函数生成轴域后,再绘制第二个折线图时,就需要在这个新生成的轴域上绘图。示例代码如下,效果如图 9-75 所示。

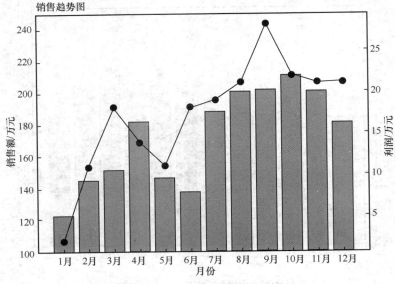

图 9-75　双 y 轴销售趋势图示例 2

```
fig, ax = plt.subplots(figsize = (8, 6))

x = ['1月', '2月', '3月', '4月', '5月', '6月', '7月', '8月', '9月', '10月',
    '11月', '12月']
y1 = [123, 145, 152, 182, 147, 138, 189, 201, 203, 211, 201, 182]
y2 = [2, 11, 18, 14, 11, 18, 19, 21, 28, 22, 21, 21]

# 绘制柱形图
ax.set_title("销售趋势图", fontdict = {'family':'Microsoft YaHei', 'color':
            'k', 'size': 15}, loc = 'left')
ax.bar(x, y1, color = 'b', alpha = .5, label = '销售额')   # 绘制图像
ax.set_ylabel("销售额/万元", fontdict = {'family':'Microsoft YaHei',
            'color': 'k', 'size': 12}, labelpad = 10)
ax.set_ylim(100, 250)

# 添加次坐标轴
ax1 = ax.twinx()
ax1.plot(x, y2, linestyle = '-', marker = 'o', markersize = 10, color =
```

```
            'r', label = '利润')   # 绘制图像
ax1.set_ylabel("利润/万元", fontdict = {'family':'Microsoft YaHei', 'color':
               'k', 'size': 12}, labelpad = 10)
plt.show()
```

7. 实训总结

　　在本实训中，通过实践练习，学生将逐渐熟悉 Matplotlib 库的使用方法，掌握绘制图表的基本技巧，同时培养良好的绘图习惯和数据可视化的思维方式。学生通过实际的操作和探索，可以不断提升他们在数据可视化方面的能力。